22G101图集应用系列丛书

22G101 图集应用
——平法钢筋图识读

上官子昌　主编

中国建筑工业出版社

图书在版编目（CIP）数据

22G101 图集应用. 平法钢筋图识读/上官子昌主编
—北京：中国建筑工业出版社，2022.10（2024.8重印）
（22G101 图集应用系列丛书）
ISBN 978-7-112-27976-0

Ⅰ. ①2… Ⅱ. ①上… Ⅲ. ①钢筋混凝土结构-建筑
构图-识图 Ⅳ.①TU375

中国版本图书馆 CIP 数据核字（2022）第 176704 号

本书主要依据《混凝土结构施工图平面整体表示方法制图规则和构造详图（现浇混凝土框架、剪力墙、梁、板）》22G101-1、《混凝土结构施工图平面整体表示方法制图规则和构造详图（现浇混凝土板式楼梯）》22G101-2、《混凝土结构施工图平面整体表示方法制图规则和构造详图（独立基础、条形基础、筏形基础、桩基础）》22G101-3 三本最新图集编写，主要内容包括平法钢筋识图基础、柱平法识图、剪力墙平法识图、梁平法识图、板平法识图、板式楼梯平法识图、独立基础平法识图、条形基础平法识图以及筏形基础平法识图。希望本书的出版，能够对广大读者看懂平法施工图提供一定的帮助。

本书供施工、结构、造价人员使用，并可供大中专、高职高专院校作为教材使用。

责任编辑：张 磊 郭 栋
责任校对：芦欣甜

22G101 图集应用系列丛书

22G101 图集应用——平法钢筋图识读

上官子昌 主编

*

中国建筑工业出版社出版、发行（北京海淀三里河路9号）

各地新华书店、建筑书店经销

霸州市顺浩图文科技发展有限公司制版

北京市密东印刷有限公司印刷

*

开本：787 毫米×1092 毫米 1/16 印张：15½ 字数：352 千字

2022 年 11 月第一版 2024 年 8 月第四次印刷

定价：**56. 00** 元

ISBN 978-7-112-27976-0

（39951）

本书编委会

主　编　上官子昌

参　编　尹宏宇　李　瑞　刘家宏　孙丽娜
　　　　吕进捷　吕学哲　朱永强　张黎黎
　　　　刘艳君　何　影　侯永清　徐铭泽
　　　　贾宏亮　曹　雷　韩月波　白雅君

前　　言

平法，即建筑结构施工图平面整体设计方法，为山东大学陈青来教授首次提出。自1996 年 11 月第一本平法标准图集 96G101 发布实施以来，迄今已有 14 本平法标准图集相继被批准发布。使用"平法"设计施工图以后，极大地提高了结构设计的效率，绘图量大大减少，图纸更为直观和清晰地呈现在结构设计人员、施工人员和预算人员面前，这可以称得上是一次历史性的改革和突破。但是，要想真正看懂平法施工图的内容，领会平法制图的精神，还需要具备一定的混凝土结构设计、建筑抗震设计、建筑地基基础设计等相关知识，这些都需要我们的工程施工技术人员、预算人员和建筑工人不断地学习和努力。

鉴于图集《混凝土结构施工图平面整体表示方法制图规则和构造详图（现浇混凝土框架、剪力墙、梁、板）》22G101-1、《混凝土结构施工图平面整体表示方法制图规则和构造详图（现浇混凝土板式楼梯）》22G101-2、《混凝土结构施工图平面整体表示方法制图规则和构造详图（独立基础、条形基础、筏形基础、桩基础）》22G101-3、《混凝土结构施工钢筋排布规则与构造详图（现浇混凝土框架、剪力墙、梁、板）》18G901-1 等规范进行了修改，故我们组织编写本书。本书配有配套的 PPT 课件可索取。

由于作者的学识和经验有限，虽经编者尽心尽力但书中仍难免存在疏漏或未尽之处，敬请有关专家和读者予以批评指正。

2022 年 7 月

目　　录

1 平法钢筋识图基础

1.1 钢筋在图纸中的表示方法

1.1.1 一般表示方法

普通钢筋的一般表示方法应符合表 1-1-1 的规定。

普通钢筋 表 1-1-1

序号	名　　称	图　　例	说　　明
1	钢筋横截面	·	—
2	无弯钩的钢筋端部		下图表示长,短钢筋投影重叠时,短钢筋的端部用 45° 斜画线表示
3	带半圆形弯钩的钢筋端部		—
4	带直钩的钢筋端部		—
5	带丝扣的钢筋端部		—
6	无弯钩的钢筋搭接		—
7	带半圆弯钩的钢筋搭接		—
8	带直钩的钢筋搭接		—
9	花篮螺丝钢筋接头		—
10	机械连接的钢筋接头		用文字说明机械连接的方式(如冷挤压或直螺纹等)

1.1.2 钢筋焊接接头表示方法

钢筋的焊接接头的表示方法应符合表 1-1-2 的规定。

钢筋的焊接接头 表 1-1-2

序号	名　　称	接头形式	标注方法
1	单面焊接的钢筋接头		
2	双面焊接的钢筋接头		

序号	名　称	接头形式	标注方法
3	用帮条单面焊接的钢筋接头		
4	用帮条双面焊接的钢筋接头		
5	接触对焊的钢筋接头(闪光焊、压力焊)		
6	坡口平焊的钢筋接头		
7	坡口立焊的钢筋接头		
8	用角钢或扁钢做连接板焊接的钢筋接头		
9	钢筋或螺(锚)栓与钢板穿孔塞焊的接头		

1.1.3 常见钢筋画法

钢筋的画法应符合表 1-1-3 的规定。

钢筋画法　　　　　　　　　　　　表 1-1-3

序号	说　明	图　例
1	在结构楼板中配置双层钢筋时,底层钢筋的弯钩应向上或向左,顶层钢筋的弯钩则向下或向右	(底层)　　(顶层)
2	钢筋混凝土墙体配双层钢筋时,在配筋立面图中,远面钢筋的弯钩应向上或向左,而近面钢筋的弯钩向下或向右(JM 近面,YM 远面)	JM YM

续表

序号	说　明	图　例
3	若在断面图中不能表达清楚的钢筋布置,应在断面图外增加钢筋大样图(例如钢筋混凝土墙、楼梯等)	
4	图中所表示的箍筋、环筋等若布置复杂时,可加画钢筋大样及说明	
5	每组相同的钢筋、箍筋或环筋,可用一根粗实线表示,同时用一两端带斜短画线的横穿细线,表示其钢筋及起止范围	

1.1.4　结构图中钢筋的标注方法

（1）梁内受力钢筋、架立钢筋,标注钢筋的根数和直径表示法如下:

（2）梁内箍筋以及板内钢筋应标注钢筋直径和相邻的钢筋中心间距,表示法如下:

1.2　22G101 图集的理解与应用

1.2.1　22G101 图集总说明

（1）本图集是混凝土结构施工图采用建筑结构施工图平面整体表示方法（简称"平法"）的国家建筑标准设计图集。

平法的表达形式,概括来讲,是把结构构件的尺寸和配筋等信息,按照平面整体表示方法制图规则,直接表达在各类构件的结构平面布置图上,再与标准构造详图相配合,即构成一套完整的结构设计施工图纸。

（2）本图集标准构造详图的主要设计依据:

1)《工程结构通用规范》GB 55001—2021;

2)《建筑与市政工程抗震通用规范》GB 55002—2021;

3)《混凝土结构设计规范（2015年版）》GB 50010—2010;

4)《建筑抗震设计规范》GB 50011—2010（2016年版）;

5)《高层建筑混凝土结构技术规程》JGJ 3—2010;

6)《建筑结构制图标准》GB/T 50105—2010。

当依据的标准进行修订或有新的标准出版实施时，本图集与现行工程建设标准不符的内容、限制或淘汰的技术或产品，视为无效。工程技术人员在参考使用时，应注意加以区分，并应对本图集相关内容进行复核后使用。

（3）本图集包括基础顶面以上的现浇混凝土柱、剪力墙、梁、板（包括有梁楼盖和无梁楼盖）等构件的平法制图规则和标准构造详图两大部分内容。

（4）本图集适用于抗震设防烈度为6~9度地区的现浇混凝土框架、剪力墙、框架-剪力墙和部分框支剪力墙等主体结构施工图的设计。

（5）本图集的制图规则，既是设计者完成平法施工图的依据，也是施工、监理人员准确理解和实施平法施工图的依据。

（6）当具体工程设计中需要对本图集的标准构造详图做某些变更，设计者应提供相应的变更内容。

（7）本图集中未包括的构造详图，以及其他未尽事项，应在具体设计中由设计者另行设计。

（8）本图集构造节点详图中的钢筋，部分采用红色线条表示。

（9）本图集的尺寸以毫米（mm）为单位，标高以米（m）为单位。

1.2.2 平面整体表示方法制图规则

（1）为了规范使用建筑结构施工图平面整体设计方法，保证按平法设计绘制的结构施工图实现全国统一，确保设计、施工质量，特制定本制图规则。

（2）本图集制图规则适用于基础顶面以上各种现浇混凝土结构的框架、剪力墙、梁、板（有梁楼盖和无梁楼盖）等构件的结构施工图设计。

（3）当采用本制图规则时，除遵守本图集有关规定外，还应符合国家现行有关标准。

（4）按平法绘制的施工图，一般是由各类结构构件的平法施工图和标准构造详图两大部分构成，但对于复杂的工业与民用建筑，尚需增加模板、开洞和预埋件等平面图。必要时可增加剖面配筋图。

（5）按平法绘制结构施工图时，必须根据具体工程设计，按照各类构件的平法制图规则，在按结构（标准）层绘制的平面布置图上直接表示各构件的尺寸、配筋。结构施工图的编排，宜按基础、柱、剪力墙、梁、板、楼梯及其他构件的顺序排列。

（6）在平面布置图上表示各构件尺寸和配筋的方式，分平面注写方式、列表注写方式和截面注写方式三种。

(7) 按平法绘制结构施工图时，应将所有柱、剪力墙、梁和板等构件进行编号，编号中含有类型代号和序号等。其中，类型代号的主要作用是指明所选用的标准构造详图；在标准构造详图上，已经按其所属构件类型注明代号，以明确该详图与平法施工图中该类型构件的互补关系，使两者结合构成完整的结构设计图。

(8) 按平法绘制结构施工图时，应当用表格或其他方式注明包括地下和地上各层的结构层楼（地）面标高、结构层高及相应的结构层号。

结构层楼面标高和结构层高在单项工程中必须统一，以保证基础、柱与墙、梁、板、楼梯等用同一标准竖向定位。为施工方便，宜将统一的结构层楼面标高和结构层高分别放在柱、墙、梁等各类构件的平法施工图中。

注：结构层楼面标高系指将建筑图中的各层地面和楼面标高值扣除建筑面层及垫层做法厚度后的标高，结构层号应与建筑楼层号对应一致。

具体施工图的层高表中，竖向粗线表示该图所表达竖向构件（柱、墙）的起止标高及所在层范围，横向粗线表示该图所表达水平构件（梁、板）的楼面层标高。

(9) 为了确保施工人员准确无误地按平法施工图进行施工，在具体工程施工图中必须写明以下与平法施工图密切相关的内容：

1) 注明所选用平法标准图的图集号（如本图集号为 22G101—1），以免图集升版后在施工中用错版本。

2) 写明混凝土结构的设计工作年限。

3) 写明抗震设防烈度及抗震等级，以明确选用相应抗震等级的标准构造详图。

4) 写明各类构件在不同部位所选用的混凝土的强度等级和钢筋种类，以确定相应纵向受拉钢筋的最小锚固长度及最小搭接长度等。

当采用机械锚固形式时，设计者应指定机械锚固的具体形式。

5) 写明柱（包括墙柱）纵筋、墙身分布筋、梁上部贯通筋等在具体工程中需接长时所采用的连接形式及有关要求。必要时，尚应注明对接头的性能要求。

6) 写明结构不同部位所处的环境类别及各类构件的混凝土保护层厚度。

7) 注明上部结构的嵌固部位位置；框架柱嵌固部位不在地下室顶板，但仍需考虑地下室顶板对上部结构实际存在嵌固作用时，也应注明。

8) 设置后浇带时，注明后浇带的位置、封闭时间和后浇混凝土的强度等级以及其他特殊要求。

9) 当具体工程中有特殊要求时，应在施工图中另加说明。

(10) 当标准构造详图有多种可选择的构造做法时，施工图中应写明在何部位选用何种构造做法。当未写明时，则按设计人员自动授权施工人员可以任选一种构造做法进行施工处理。

某些节点要求设计者必须写明在何部位选用何种构造做法。

(11) 按平法绘制结构施工图时，当柱、墙或梁与填充墙需要拉结时，其构造详图应由设计者根据墙体材料和规范要求选用相关国家建筑标准设计图集或自行绘制。

（12）对钢筋搭接和锚固长度等，除在结构施工图中另有注明者外，均须按本图集标准构造详图中的有关构造规定执行。

1.2.3 本书关于 22G101 图集的应用

1. 22G101-1 图集的应用

（1）柱（表 1-2-1）

22G101-1 图集的应用——柱   表 1-2-1

柱	制图规则		施工图表示方法
			列表注写方式
			截面注写方式
	构造详图	框架柱根部钢筋锚固构造	柱纵向钢筋在基础中构造
			框架梁上起柱钢筋锚固构造
			剪力墙上起柱钢筋锚固构造
			箍筋复合方式
			芯柱锚固构造
		框架柱和地下框架柱柱身钢筋构造	框架柱(KZ)纵向钢筋连接构造
			地下室框架柱(KZ)的纵向钢筋连接构造与箍筋加密区范围
		框架柱节点钢筋构造	框架柱变截面位置纵向钢筋构造
			KZ边柱、角柱柱顶等截面伸出时纵向钢筋构造
			框架柱顶层中间节点钢筋构造
		框架柱箍筋构造	KZ、剪力墙上起框架柱、梁上起框架柱箍筋加密区范围及剪力墙上起框架柱、梁上起框架柱纵向钢筋构造
	识读举例		主要内容
			识读步骤
			施工图实例

（2）剪力墙（表 1-2-2）

22G101-1 图集的应用——剪力墙   表 1-2-2

剪力墙	制图规则	施工图表示方法
		剪力墙编号规定
		列表注写方式
		截面注写方式
		剪力墙洞口的表示方法
		地下室外墙的表示方法
		其他

续表

剪力墙	构造详图		剪力墙竖向分布钢筋在基础中构造
		剪力墙柱钢筋构造	剪力墙柱柱身钢筋构造
			约束边缘构件 YBZ 构造
			剪力墙水平钢筋计入约束边缘构件体积配筋率的构造做法
			构造边缘构件 GBZ、扶壁柱 FBZ、非边缘暗柱 AZ 构造
			剪力墙边缘构件纵向钢筋连接构造
			剪力墙上起边缘构件纵筋构造
		剪力墙柱节点钢筋构造	墙柱变截面钢筋构造
			墙柱柱顶钢筋构造
		剪力墙身钢筋构造	剪力墙身水平钢筋构造
			剪力墙身竖向分布钢筋构造
		剪力墙梁配筋构造	剪力墙连梁配筋构造
			剪力墙边框梁配筋构造
			剪力墙暗梁配筋构造
			剪力墙边框梁或暗梁与连梁重叠时配筋构造
			剪力墙连梁 LLk 纵向钢筋、箍筋加密区构造
			剪力墙洞口补强构造
			地下室外墙 DWQ 钢筋构造
	识读举例		主要内容
			识读步骤
			施工图实例

（3）梁（表 1-2-3）

22G101-1 图集的应用——梁 表 1-2-3

梁	制图规则	施工图表示方法
		平面注写方式
		截面注写方式
		梁支座上部纵筋的长度规定
		不伸入支座的梁下部纵筋长度规定
		其他
	构造详图	楼层框架梁纵向钢筋构造
		屋面框架梁纵向钢筋构造
		框架梁水平、竖向加腋构造
		框架梁、屋面框架梁中间支座纵向钢筋构造
		框架梁与剪力墙平面内、平面外连接构造
		悬挑梁与各类悬挑端配筋构造

续表

梁	构造详图	梁箍筋的构造要求
		附加箍筋、吊筋的构造
		侧面纵向构造钢筋及拉筋的构造
		不伸入支座梁下部纵向钢筋构造
		框架扁梁中柱节点竖向拉筋、附加纵向钢筋构造
		框架扁梁边柱节点构造
		框支梁 KZL、转换柱 ZHZ 配筋构造
		井字梁 JZL、JZLg 配筋构造
	识读举例	主要内容
		识读步骤
		施工图实例

（4）板（表 1-2-4）

22G101-1 图集的应用——板　　　　　　　　　　　　　表 1-2-4

板	制图规则	有梁楼盖平法施工图制图规则	
		无梁楼盖平法施工图制图规则	
		楼板相关构造制图规则	
	构造详图	楼面板与屋面板钢筋构造	
		楼面板与屋面板端部钢筋构造	
		有梁楼盖不等跨板上部贯通纵筋连接构造	
		有梁楼盖悬挑板钢筋构造	悬挑板钢筋构造
			板翻边构造
			悬挑板阳角放射筋构造
		无梁楼盖柱上板带与跨中板带纵向钢筋构造	
		板带端支座、板带悬挑端纵向钢筋构造及柱上板带暗梁钢筋构造	
	识读举例	主要内容	
		识读步骤	
		施工图实例	

2. 22G101-2 图集的应用

板式楼梯见表 1-2-5。

22G101-2 图集的应用——板式楼梯　　　　　　　　　　表 1-2-5

板式楼梯	简介	楼梯的分类
		板式楼梯所包含的构件内容
	制图规则	施工图表示方法
		楼梯类型
		平面注写方式
		剖面注写方式
		列表注写方式
		其他

续表

板式楼梯	构造详图	钢筋混凝土板式楼梯平面图	AT 型楼梯平面图
			BT 型楼梯平面图
			CT 型楼梯平面图
			DT 型楼梯平面图
			ET 型楼梯平面图
			FT 型楼梯平面图
			GT 型楼梯平面图
			ATa、ATb 型楼梯平面图
			ATc 型楼梯平面图
			BTb 型楼梯平面图
			CTa、CTb 型楼梯平面图
			DTb 型楼梯平面图
		钢筋混凝土板式楼梯钢筋构造	AT 型楼梯平面图
			BT 型楼梯平面图
			CT 型楼梯平面图
			DT 型楼梯平面图
			ET 型楼梯平面图
			FT 型楼梯平面图
			GT 型楼梯平面图
			ATa 型楼梯平面图
			ATb 型楼梯平面图
			ATc 型楼梯平面图
			BTb 型楼梯平面图
			CTa 型楼梯平面图
			CTb 型楼梯平面图
			DTb 型楼梯平面图
	识读举例	楼梯结构详图识读	

3. 22G101-3 图集的应用

（1）独立基础（表 1-2-6）

22G101-3 图集的应用——独立基础　　　　　　　　　　　表 1-2-6

独立基础	制图规则	施工图表示方法	
		独立基础编号	
		平面注写方式	
		截面注写方式	
		其他	
	构造详图	底板配筋构造	DJj、DJp、BJj、BJp 底板配筋构造
			底板配筋长度减短 10% 构造
		多柱独立基础底板顶部钢筋	双柱普通独立基础底部与顶部配筋构造
			设置基础梁的双柱普通独立基础配筋构造
		带短柱独立基础配筋构造	单柱带短柱独立基础配筋构造
			双柱带短柱独立基础配筋构造
		杯口独立基础构造	杯口和双杯口独立基础构造
			高杯口独立基础配筋构造
			双高杯口独立基础构造

（2）条形基础（表 1-2-7）

22G101-3 图集的应用——条形基础   表 1-2-7

条形基础	制图规则		施工图表示方法
			条形基础编号
			基础梁的平面注写方式
			基础梁底部非贯通纵筋的长度规定
			条形基础底板的平面注写方式
			条形基础的截面注写方式
			其他
	构造详图	基础梁 JL 钢筋构造	基础梁 JL 端部与外伸部位钢筋构造
			基础梁 JL 梁底不平和变截面部位钢筋构造
			基础梁 JL 侧面构造纵筋和拉筋
			基础梁 JL 与柱结合部侧腋构造
			基础梁 JL 配置两种箍筋构造
		条形基础底板配筋构造	条形基础底板配筋构造
			墙下条形基础底板板底不平构造
			柱下条形基础底板板底不平构造
			条形基础底板配筋长度减短 10% 构造

（3）筏形基础（表 1-2-8）

22G101-3 图集的应用——筏形基础   表 1-2-8

筏形基础	制图规则	梁板式筏形基础平法施工图	施工图表示方法
			构件的类型与编号
			基础主梁与基础次梁的平面注写方式
			基础梁底部非贯通纵筋的长度规定
			梁板式筏形基础平板的平面注写方式
			其他
		平板式筏形基础平法施工图	施工图的表示方法
			构件的类型与编号
			柱下板带、跨中板带的平面注写方式
			平板式筏形基础平板 BPB 的平面注写方式
			其他
	构造详图	梁板式筏形基础的钢筋构造	基础主梁和基础次梁纵向钢筋与箍筋构造
			基础主梁的加腋构造
			基础主梁外伸部位构造
			梁板式筏形基础平板 LPB 钢筋构造
			梁板式筏形基础平板 LPB 端部与外伸部位钢筋构造
		平板式筏形基础的钢筋构造	平板式筏形基础柱下板带 ZXB 与跨中板带 KZB 纵向钢筋构造
			平板式筏形基础平板 BPB 钢筋构造
			平板式筏形基础平板(ZXB、KZB、BPB)变截面部位钢筋构造
			平板式筏形基础平板(ZXB、KZB、BPB)端部和外伸部位钢筋构造

练 习 题

1. 如何表示带丝扣的钢筋端部、带半圆弯钩的钢筋搭接？

2. 钢筋的焊接接头形式有哪些？

3. 如何标注用帮条单面焊接的钢筋接头？

4. 如何标注坡口立焊的钢筋接头？

5. 简述在结构楼板中配置双层钢筋时，底层钢筋、顶层钢筋的弯钩方向。

6. 举例说明梁内受力钢筋、架立钢筋，标注钢筋的根数和直径的表示法。

7. 举例说明梁内箍筋以及板内钢筋应标注钢筋直径和相邻的钢筋中心间距的表示法。

2 柱平法识图

2.1 柱平法施工图制图规则

2.1.1 柱平法施工图的表示方法

柱平法施工图设计的第一步是绘制柱平面布置图。

柱平面布置图的主要功能是表达竖向构件（柱或剪力墙），当主体结构为框架-剪力墙结构时，柱平面布置图通常与剪力墙平面布置图合并绘制。柱平面布置图可采用一种或两种比例绘制。两种比例是指柱轴网布置采用一种比例，柱截面轮廓在原位采用另一种比例适当放大绘制的方法，如图 2-1-1 所示。在用一种或两种比例绘制的柱平面布置图上，采用截面注写方式或列表注写方式，并且加注相关设计内容后，便构成了柱平面布置图。

图 2-1-1 两种比例绘制柱平面布置图

在柱平法布置图中包含结构层楼面标高、结构层高及相应的结构层号表，便于将注写的柱段高度与该表对照，明确各柱在整个结构中的竖向定位。一般柱平法施工图中标注的尺寸以毫米（mm）为单位，标高以米（m）为单位。

此外，结构层楼面标高与结构层高在单项工程中必须统一，以保证基础、柱与墙、梁、板等用同一标准竖向定位。结构层楼面标高是指将建筑图中的各层楼面和楼面标高值扣除建筑面层及垫层做法厚度后的标高，见表 2-1-1。某结构层楼面标高和结构层高表中，一层地面标高为-0.030m（未作建筑面层和垫层），一层的层高为 4.5m，即为二层地面标高 4.470m 和一层地面标高-0.030m 之差为一层层高。

2.1.2 列表注写方式

1. 含义

列表注写方式是在柱平面布置图上（一般只需采用适当比例绘制一张柱平面布置图，

结构层楼面标高和结构层高表（m）　　　　　　　　　　　　表 2-1-1

层号	标高（m）	层高（m）
屋面	12.270	3.60
3	8.670	3.60
2	4.470	4.20
1	−0.030	4.50
−1	−4.530	4.50

包括框架柱、转换柱、芯柱等），分别在同一编号的柱中选择一个（有时需要选择几个）截面标注几何参数代号；在柱表中注写柱编号、柱段起止标高、几何尺寸（含柱截面对轴线的定位情况）与配筋的具体数值，并配以柱截面形状及其箍筋类型的方式来表达柱平法施工图，如图 2-1-2 所示。

　　柱平法施工图列表注写方式的几个主要组成部分为：平面图、柱截面图类型、柱表、结构层楼面标高及结构层高等内容，如图 2-1-2 所示。平面图明确定位轴线、柱的代号、形状及与轴线的关系；柱的截面形状为矩形时，与轴线的关系分为偏轴线、柱的中心线与轴线重合两种形式。

柱编号	标高(m)	b×h(mm×mm)(圆柱直径D)	b₁(mm)	b₂(mm)	h₁(mm)	h₂(mm)	全部纵筋	角筋	b边一侧中部筋	h边一侧中部筋	箍筋类型号	箍筋	备注
KZ1	−4.530~−0.030	750×700	375	375	150	550	28Φ25				1(6×6)	Φ10@100/200	—
	−0.030~19.470	750×700	375	375	150	550	24Φ25				1(5×4)	Φ10@100/200	
	19.470~37.470	650×600	325	325	150	450		4Φ22	5Φ22	4Φ20	1(4×4)	Φ10@100/200	
	37.470~59.070	550×500	275	275	150	350		4Φ22	5Φ22	4Φ20	1(4×4)	Φ8@100/200	
XZ1	−4.530~8.670						8Φ25				按标准构造详图	Φ10@100	⑤×ⓒ轴KZ1中设置

注：上部结构嵌固部位：−4.530m。

−4.530~59.070柱平法施工图（局部）

注：1.如果用非对称配筋，需要柱表中增加相应栏目分别表示各边的中部筋。
　　2.箍筋对纵筋至少隔一拉一。
　　3.本图示例表示地下一层(−1层)、首层(1层)柱端箍筋加密区长度范围及纵筋连接位置均按嵌固部位要求设置。
　　4.层高表中，竖向粗线表示本图示柱的起止标高为−4.530m~59.070m，所在层号为−1~16层。

图 2-1-2　柱平法施工图列表注写方式示例

2. 柱表注写内容

柱表注写内容包括柱编号、柱标高、截面尺寸与轴线的关系、纵筋规格（包括角筋、中部筋）、箍筋类型、箍筋间距等。

（1）注写柱编号

柱编号由类型代号和序号组成，应符合表 2-1-2 的规定。

柱 编 号   表 2-1-2

柱 类 型	代 号	序 号
框架柱	KZ	××
转换柱	ZHZ	××
芯柱	XZ	××

注：编号时，当柱的总高、分段截面尺寸和配筋均对应相同，仅截面与轴线的关系不同时，仍可将其编为同一柱号，但应在图中注明截面与轴线的关系。

（2）注写柱高

注写各段柱的起止标高，自柱根部往上以变截面位置或截面未变但配筋改变处为界分段注写。

梁上起框架柱的根部标高系指梁顶面标高；剪力墙上起框架柱的根部标高为墙顶面标高。从基础起的柱，其根部标高系指基础顶面标高。

当屋面框架梁上翻时，框架柱顶标高应为梁顶面标高。

芯柱的根部标高系指根据结构实际需要而定的起始位置标高。

注：当框架柱生根在剪力墙上时，22G101-1图集提供了"柱与墙重叠一层""柱纵筋锚固在墙顶部时柱根构造"的构造做法，设计应注明选用何种做法。

（3）注写截面几何尺寸

对于矩形柱，注写柱截面尺寸 $b \times h$ 及与轴线关系的几何参数代号 b_1、b_2 和 h_1、h_2 的具体数值，需对应于各段柱分别注写。其中，$b = b_1 + b_2$，$h = h_1 + h_2$。当截面的某一边收缩变化至与轴线重合或偏到轴线的另一侧时，b_1、b_2、h_1、h_2 中的某项为零或为负值。

对于圆柱，表中 $b \times h$ 一栏改用在圆柱直径数字前加 d 表示。为表达简单，圆柱截面与轴线的关系也用 b_1、b_2 和 h_1、h_2 表示，并使 $d = b_1 + b_2 = h_1 + h_2$。

设计人员也可在柱平面布置图中注明柱截面尺寸及轴线的关系，此时柱表中无需重复注写。

对于芯柱，根据结构需要，可以在某些框架柱的一定高度范围内，在其内部的中心位置设置（分别引注其柱编号）。芯柱中心应与柱中心重合，并标注其截面尺寸，按22G101—1图集标准构造详图施工；当设计者采用与构造详图不同的做法时，应另行注明。芯柱定位随框架柱，不需要注写其与轴线的几何关系。

（4）注写柱纵筋

当柱纵筋直径相同，各边根数也相同时（包括矩形柱、圆柱和芯柱），将纵筋注写在"全部纵筋"一栏中；除此之外，柱纵筋分角筋、截面 b 边中部筋和 h 边中部筋三项分别注写（对于采用对称配筋的矩形截面柱，可仅注写一侧中部筋，对称边省略不注；对于采用非对称配筋的矩形截面柱，必须每侧均注写中部筋）。

(5) 注写柱箍筋

注写箍筋类型编号及箍筋肢数，在箍筋类型栏内注写按表规定的箍筋类型编号和箍筋肢数。箍筋肢数可有多种组合，应在表 2-1-3 中注明具体的数值：m、n 及 Y 等。

箍筋类型表　　　　　　　　　　　　　　表 2-1-3

箍筋类型编号	箍筋肢数	复合方式
1	$m \times n$	肢数 m（h）、肢数 n（b）
2	—	（h、b）
3	—	（h、b）
4	Y+$m \times n$　圆形箍	肢数 m、肢数 n（d）

注：1. 确定箍筋肢数时应满足对柱纵筋"隔一布一"以及箍筋肢距的要求。
　　2. 具体工程设计时，若采用超出本表所列举的箍筋类型或标准构造详图中的箍筋复合方式，应在施工图中另行绘制，并标注与施工图对应的 b 和 h。

(6) 注写柱箍筋，包括钢筋种类、直径与间距。

用斜线"/"区分柱端箍筋加密区与柱身非加密区长度范围内箍筋的不同间距。施工人员需根据标准构造详图的规定，在规定的几种长度值中取其最大者作为加密区长度。当框架节点核心区内箍筋与柱端箍筋设置不同时，应在括号中注明核心区箍筋直径及间距。

【例】 Φ10@100/200，表示箍筋为 HPB300 钢筋，直径为 10mm，加密区间距为 100mm，非加密区间距为 200mm。

Φ10@100/200（Φ12@100），表示柱中箍筋为 HPB300 钢筋，直径为 10mm，加密区间距为 100mm，非加密区间距为 200mm，框架节点核心区箍筋为 HPB300 钢筋，直径为 12mm，间距为 100mm。

当箍筋沿柱全高为一种间距时，则不使用"/"线。

【例】 Φ10@100，表示沿柱全高范围内箍筋均为 HPB300 钢筋，直径为 10mm，间距为 100mm。

当圆柱采用螺旋箍筋时，需在箍筋前加"L"。

【例】 LΦ10@100/200，表示采用螺旋箍筋，HPB300 钢筋，直径为 10mm，加密区间距为 100mm，非加密区间距为 200mm。

采用列表注写方式表达的柱平法施工图示例见"柱平法施工图列表注写方式示例"。

2.1.3 截面注写方式

1. 含义

截面注写方式是在柱平面布置图的柱截面上，分别在同一编号的柱中选择一个截面，以直接注写截面尺寸和配筋具体数值的方式来表达柱平法施工图，如图 2-1-3 所示。

图 2-1-3　柱平法施工图截面注写方式示例

2. 表示方式

（1）对除芯柱之外的所有柱截面按表 2-1-2 的规定进行编号，从相同编号的柱中选择一个截面，按另一种比例原位放大绘制柱截面配筋图，并在各配筋图上继其编号后再注写截面尺寸 $b \times h$、角筋或全部纵筋（当纵筋采用一种直径且能够图示清楚时）、箍筋的具体数值，以及在柱截面配筋图上标注柱截面与轴线关系 b_1、b_2、h_1、h_2 的具体数值。

当纵筋采用两种直径时，需再注写截面各边中部筋的具体数值（对于采用对称配筋的矩形截面柱，可仅在一侧注写中部筋，对称边省略不注）。

当在某些框架柱的一定高度范围内，在其内部的中心设置芯柱时，首先按照表 2-1-2

的规定进行编号，继其编号之后注写芯柱的起止标高、全部纵筋及箍筋的具体数值，芯柱截面尺寸按构造确定，并按标准构造详图施工，设计不注；当设计者采用不同的做法时，应另行注明。芯柱定位随框架柱，不需要注写其与轴线的几何关系。

（2）在截面注写方式中，如柱的分段截面尺寸和配筋均相同，仅截面与轴线的关系不同时，可将其编为同一柱号。但此时应在未画配筋的柱截面上注写该柱截面与轴线关系的具体尺寸。

3. 其他

当按本规则规定绘制柱平面布置图时，如果局部区域发生重叠、过挤现象，可在该区域采用另外一种比例绘制。

对于轴心受拉或小偏心受拉柱，其纵向受力钢筋不得采用绑扎搭接，设计应在平法施工图中注明其平面位置及层数。

当柱纵向受力钢筋采用并筋时，设计应采用截面注写方式绘制柱平法施工图。

2.2 柱标准构造详图

2.2.1 框架柱根部钢筋锚固构造

1. 柱纵向钢筋在基础中构造

柱纵向钢筋在基础中构造见表 2-2-1。

柱纵向钢筋在基础中构造　　　　　　　　　　　表 2-2-1

名称	构 造 图	构 造 说 明
保护层厚度＞5d；基础高度满足直锚		字母释义： h_j——基础底面至基础顶面的高度，柱下为基础梁时，h_j 为梁底面至顶面的高度，当柱两侧基础梁标高不同时取较低标高； d——柱纵筋直径； l_{abE}——受拉钢筋抗震基本锚固长度； l_{aE}——受拉钢筋抗震锚固长度。 构造图解析： （1）锚固区横向箍筋应满足直径≥$d/4$（d 为纵筋最大直径），间距≤$5d$（d 为纵筋最小直径）且≤100mm 的要求。 （2）当柱纵筋在基础中保护层厚度不一致情况下（如纵筋部分位于梁中，部分位于板内），保护层厚度不大于 $5d$ 的部分应设置锚固区横向钢筋。 （3）当符合下列条件之一时，可仅将柱四角纵筋伸至底板钢筋网片上或者筏形基础中间层钢筋网片上（伸至钢筋网片上的柱纵筋间距不应大于1000mm），其余纵筋锚固在基础顶面下 l_{aE} 即可。 1）柱为轴心受压或小偏心受压，基础高度或基础顶面至中间层钢筋网片顶面距离不小于1200mm。 2）柱为大偏心受压，基础高度或基础顶面至中间层钢筋网片顶面距离不小于1400mm
保护层厚度≤5d；基础高度满足直锚		

名称	构造图	构造说明
保护层厚度>5d；基础高度不满足直锚	间距≤500，且不少两道矩形封闭箍筋(非复合箍) 基础顶面 h_j 基础底面 100 50	字母释义： h_j——基础底面至基础顶面的高度，柱下为基础梁时，h_j 为梁底面至顶面的高度，当柱两侧基础梁标高不同时取较低标高； d——柱纵筋直径； l_{abE}——受拉钢筋抗震基本锚固长度； l_{aE}——受拉钢筋抗震锚固长度。 构造图解析： (1)锚固区横向箍筋应满足直径≥$d/4$(d 为纵筋最大直径)，间距≤$5d$(d 为纵筋最小直径)且≤100mm 的要求。 (2)当柱纵筋在基础中保护层厚度不一致情况下(如纵筋部分位于梁中，部分位于板内)，保护层厚度不大于 $5d$ 的部分应设置锚固区横向钢筋。 (3)当符合下列条件之一时，可仅将柱四角纵筋伸至底板钢筋网片上或者筏形基础中间层钢筋网片上(伸至钢筋网片上的柱纵筋间距不应大于1000mm)，其余纵筋锚固在基础顶面下 l_{aE} 即可。 1)柱为轴心受压或小偏心受压，基础高度或基础顶面至中间层钢筋网片顶面距离不小于 1200mm。 2)柱为大偏心受压，基础高度或基础顶面至中间层钢筋网片顶面距离不小于 1400mm
保护层厚度≤5d；基础高度不满足直锚	锚固区横向箍筋(非复合箍) 基础顶面 h_j 基础底面 100 50	
①	伸至基础板底部支承在基础底板钢筋网上 基础顶面 ≥0.6l_{abE} ≥20d 基础底面 15d	

2. 梁上起框架柱钢筋锚固构造

梁上起框架柱钢筋锚固构造如图 2-2-1～图 2-2-3 所示。

图 2-2-1 梁上起框架柱钢筋排布构造详图（双向托柱转换梁）

l_{abE}—受拉钢筋抗震基本锚固长度；d—柱插筋直径；

h_b—柱截面高度；h_c—柱截面长边尺寸（圆柱为直径）

图 2-2-2 框架柱纵向钢筋连接位置（一）

（a）绑扎搭接（当某层连接区的高度小于纵筋分两批搭接所需要的高度时，应改用机械连接或焊接连接）；

（b）机械连接；（c）焊接连接；（d）构造一（上柱纵筋比下柱多）；（e）构造二（上柱纵筋比下柱少）

l_{lE}—受拉钢筋绑扎搭接长度；l_{aE}—受拉钢筋锚固长度；

H_n—所在楼层的柱净高；h_c—柱截面长边尺寸（圆柱为直径）

（f）　　　　　　　　　　（g）

图 2-2-2　框架柱纵向钢筋连接位置（二）

（f）构造二（上柱纵筋直径比下柱大）；（g）构造四（上柱纵筋直径比下柱小）

l_{aE}—受拉钢筋锚固长度；l_{lE}—受拉钢筋绑扎搭接长度；H_n—所在楼层的柱净高；h_c—柱截面长边尺寸（圆柱为直径）

图 2-2-3　柱箍筋沿柱纵向排布构造详图

H_n—所在楼层的柱净高；h_c—柱截面长边尺寸（圆柱为直径）

（1）图中，h_c 为柱截面长边尺寸（圆柱为直径），h_b 为梁截面的高度，H_n 为所在楼层的柱净高。

（2）梁上起框架柱时，托柱转换梁 TZL 的平面外方向也应设梁，以平衡柱脚在该方向的弯矩。图中仅示意双向交叉的托柱转换梁上起柱，非交叉的托柱转换梁上柱在梁内的锚固以设计为准。

（3）本图中柱的纵筋连接及锚固构造除柱根部位置外，其余均与框架柱的纵筋连接及锚固构造要求相同。

（4）托柱转换梁的箍筋加密区长度为 h_c+3h_b；双向交叉的托柱转换梁，一个方向箍筋（含水平加腋时复合箍筋）通长布置，另一方向在节点区内不布置。

（5）图中梁水平加腋仅表示钢筋排布次序，具体配筋由设计指定。

3. 剪力墙上起框架柱钢筋锚固构造

剪力墙上起框架柱钢筋锚固构造如图 2-2-4 所示。

剪力墙上起框架柱钢筋排布构造详图(一)

（柱向下延伸与墙重叠一层）

图 2-2-4 剪力墙上起框架柱钢筋排布构造详图（一）

剪力墙上起框架柱钢筋排布构造详图(二)
(柱纵筋锚固在墙顶部)

图 2-2-4 剪力墙上起框架柱钢筋排布构造详图（二）

l_{aE}—受拉钢筋锚固长度

（1）图中，墙上起框架柱的嵌固部位为墙顶面。

（2）剪力墙上起框架柱，在墙顶面标高以下锚固范围内的柱箍筋按上柱非加密区箍筋要求配置。

（3）剪力墙上起框架柱（柱纵筋锚固在墙顶部时），墙体的平面外方向应设梁，以平衡柱脚在该方向的弯矩。具体以设计为准。

4. 箍筋复合方式

箍筋复合方式如图 2-2-5 所示。

5. 芯柱锚固构造

芯柱截面尺寸及配筋构造如图 2-2-6 所示。芯柱配置的纵筋和箍筋按设计标注，芯柱纵筋的连接与根部锚固同框架柱，向上直通至芯柱顶标高。

2.2.2 框架柱和地下框架柱柱身钢筋构造

1. 框架柱（KZ）纵向钢筋连接构造

平法柱的节点构造图中，22G101-1 图集第 65 页"KZ 纵向钢筋连接构造"是平法柱节点构造的核心。具体构造要求参见表 2-2-2。

图 2-2-5　箍筋复合方式

图 2-2-6　芯柱截面尺寸及配筋构造

b—框架柱截面宽度；*h*—框架柱截面高度；*D*—圆柱直径

KZ 纵向钢筋连接构造   表 2-2-2

名称		构造图	构 造 说 明
一般连接	绑扎搭接	图 2-2-7(a)	字母释义： 　　h_c——柱截面长边尺寸； 　　H_n——所在楼层的柱净高； 　　d——框架柱纵向钢筋直径； 　　l_{lE}——纵向受拉钢筋抗震绑扎搭接长度； 　　l_{aE}——纵向受拉钢筋抗震锚固长度。 构造图解析： 　　(1)非连接区是指柱纵筋不允许在这个区域之内进行连接。 　　(2)得知柱纵筋的非连接区的范围，可知柱纵筋切断点的位置。这个切断点可以选在非连接区的边缘。 　　(3)柱相邻纵向钢筋连接接头要相互错开。在同一截面内钢筋接头面积百分率不宜大于 50%。柱纵向钢筋连接接头相互错开的距离如下： 　　1)绑扎搭接连接：接头错开距离≥$0.3l_{lE}$； 　　2)机械连接：接头错开距离≥$35d$； 　　3)焊接连接：接头错开距离≥$35d$ 且≥500mm。 　　(4)柱纵筋绑扎搭接长度要求见表 2-2-3、表 2-2-4。
	机械连接	图 2-2-7(b)	
	焊接连接	图 2-2-7(c)	
特殊连接		图 2-2-8	(5)一般连接的连接要求： 　　1)当受拉钢筋直径>25mm 及受压钢筋直径>28mm 时，不宜采用绑扎搭接； 　　2)轴心受拉及小偏心受拉构件中纵向受力钢筋不应采用绑扎搭接接头，设计者应在柱平法结构施工图中注明其平面位置及层数； 　　3)纵向受力钢筋连接位置宜避开梁端、柱端箍筋加密区。如必须在此连接时，应采用机械连接或焊接； 　　4)机械连接和焊接接头的类型及质量应符合国家现行有关标准的规定。 　　(6)绑扎搭接中，当某层连接区的高度小于纵筋分两批搭接所需的高度时，应改用机械连接或焊接连接。 　　(7)上柱钢筋比下柱多时见图 2-2-8(a)，上柱钢筋直径比下柱钢筋直径大时见图 2-2-8(b)，下柱钢筋比上柱多时见图 2-2-8(c)，下柱钢筋直径比上柱钢筋直径大时见图 2-2-8(d)。图中为绑扎搭接，也可采用机械连接和焊接连接

纵向受拉钢筋搭接长度 l_l 见表 2-2-3。

纵向受拉钢筋搭接长度 l_l 表 2-2-3

钢筋种类及同一区段内搭接钢筋面积百分率		混凝土强度等级														
		C25		C30		C35		C40		C45		C50		C55		C60	
		$d\leqslant$25	$d>$25	$d\leqslant$25	$d>$25	$d\leqslant$25	$d>$25	$d\leqslant$25	$d>$25	$d\leqslant$25	$d>$25	$d\leqslant$25	$d>$25	$d\leqslant$25	$d>$25	$d\leqslant$25	$d>$25
HPB300	≤25%	41d	—	36d	—	34d	—	30d	—	29d	—	28d	—	26d	—	25d	—
	50%	48d	—	42d	—	39d	—	35d	—	34d	—	32d	—	31d	—	29d	—
	100%	54d	—	48d	—	45d	—	40d	—	38d	—	37d	—	35d	—	34d	—
HRB400 HRBF400 RRB400	≤25%	48d	53d	42d	47d	38d	42d	35d	38d	34d	37d	32d	36d	31d	35d	30d	34d
	50%	56d	62d	49d	55d	45d	49d	41d	45d	39d	43d	38d	42d	36d	41d	35d	39d
	100%	64d	70d	56d	62d	51d	56d	46d	51d	45d	50d	43d	48d	42d	46d	40d	45d

钢筋种类及同一区段内搭接钢筋面积百分率		混凝土强度等级														
		C25		C30		C35		C40		C45		C50		C55		C60	
		$d\leqslant$25	$d>$25	$d\leqslant$25	$d>$25	$d\leqslant$25	$d>$25	$d\leqslant$25	$d>$25	$d\leqslant$25	$d>$25	$d\leqslant$25	$d>$25	$d\leqslant$25	$d>$25	$d\leqslant$25	$d>$25
HRB500 HRBF500	≤25%	58d	64d	52d	56d	47d	52d	43d	48d	41d	44d	38d	42d	37d	41d	36d	40d
	50%	67d	74d	60d	66d	55d	60d	50d	56d	48d	52d	45d	49d	43d	48d	42d	46d
	100%	77d	85d	69d	75d	62d	69d	58d	64d	54d	59d	51d	56d	50d	54d	48d	53d

注：1. 表中数值为纵向受拉钢筋绑扎搭接接头的搭接长度。
　　2. 两根不同直径钢筋搭接时，表中 d 取较细钢筋直径。
　　3. 当为环氧树脂涂层带肋钢筋时，表中数据尚应乘以 1.25。
　　4. 当纵向受拉钢筋在施工过程中易受扰动时，表中数据尚应乘以 1.1。
　　5. 当搭接长度范围内纵向受力钢筋周边保护层厚度为 $3d$、$5d$（d 为搭接钢筋的直径）时，表中数据尚可分别乘以 0.8、0.7；中间时按内插值。
　　6. 当上述修正系数（注 3～注 5）多于一项时，可按连乘计算。
　　7. 任何情况下，搭接长度不应小于 300mm。
　　8. 位于同一连接区段内的钢筋搭接接头面积百分率为表中数据中间值时，搭接长度可按内插取值。
　　9. HPB300 级钢筋末端应做 180°弯钩，做法详见 22G101-1 图集第 58 页。

图 2-2-7　KZ 纵向钢筋一般连接构造
（a）绑扎搭接；（b）机械连接；（c）焊接连接

2. 地下室框架柱（KZ）的纵向钢筋连接构造与箍筋加密区范围

纵向受拉钢筋抗震搭接长度 l_{lE} 见表 2-2-4。当嵌固部位位于基础顶面以上时，嵌固部位以下地下室部分柱纵向钢筋连接构造见表 2-2-5。

图 2-2-8　KZ纵向钢筋特殊连接构造

(a) 上柱钢筋比下柱多时；(b) 上柱钢筋直径比下柱钢筋直径大时；

(c) 下柱钢筋比上柱多时；(d) 下柱钢筋直径比上柱钢筋直径大时

纵向受拉钢筋抗震搭接长度 l_{lE}　　　　　　　　表 2-2-4

钢筋种类及同一区段内搭接钢筋面积百分率		混凝土强度等级														
		C25		C30		C35		C40		C45		C50		C55		C60
		$d \leqslant 25$	$d > 25$	$d \leqslant 25$	$d > 25$	$d \leqslant 25$	$d > 25$	$d \leqslant 25$	$d > 25$	$d \leqslant 25$	$d > 25$	$d \leqslant 25$	$d > 25$	$d \leqslant 25$	$d > 25$	$d \leqslant 25$	$d > 25$
一、二级抗震等级	HPB300 ≤25%	47d	—	42d	—	38d	—	35d	—	34d	—	31d	—	30d	—	29d	—
	HPB300 50%	55d	—	49d	—	45d	—	41d	—	39d	—	36d	—	35d	—	34d	—
	HRB400 HRBF400 ≤25%	55d	61d	48d	54d	44d	48d	40d	44d	38d	43d	37d	42d	36d	40d	35d	38d
	HRB400 HRBF400 50%	64d	71d	56d	63d	52d	56d	46d	52d	45d	50d	43d	49d	42d	46d	41d	45d
	HRB500 HRBF500 ≤25%	66d	73d	59d	65d	54d	59d	49d	55d	47d	52d	44d	48d	43d	47d	42d	46d
	HRB500 HRBF500 50%	77d	85d	69d	76d	63d	69d	57d	64d	55d	60d	52d	56d	50d	55d	49d	53d
三级抗震等级	HPB300 ≤25%	43d	—	38d	—	35d	—	31d	—	30d	—	29d	—	28d	—	26d	—
	HPB300 50%	50d	—	45d	—	41d	—	36d	—	35d	—	34d	—	32d	—	31d	—
	HRB400 HRBF400 ≤25%	50d	55d	44d	49d	41d	44d	36d	41d	35d	40d	34d	38d	32d	36d	31d	35d
	HRB400 HRBF400 50%	59d	64d	52d	57d	48d	52d	42d	48d	41d	46d	39d	45d	38d	42d	36d	41d
	HRB500 HRBF500 ≤25%	60d	67d	54d	59d	49d	54d	46d	50d	43d	47d	41d	44d	40d	43d	38d	42d
	HRB500 HRBF500 50%	70d	78d	63d	69d	57d	63d	53d	59d	50d	55d	48d	52d	46d	50d	45d	49d

注：1. 表中数值为纵向受拉钢筋绑扎搭接接头的搭接长度。

2. 两根不同直径钢筋搭接时，表中 d 取较细钢筋直径。

3. 当为环氧树脂涂层带肋钢筋时，表中数据尚应乘以 1.25。

4. 当纵向受拉钢筋在施工过程中易受扰动时，表中数据尚应乘以 1.1。

5. 当搭接长度范围内纵向受力钢筋周边保护层厚度为 3d、5d（d 为搭接钢筋的直径）时，表中数据尚可分别乘以 0.8、0.7；中间时按内插值。

6. 当上述修正系数（注3～注5）多于一项时，可按连乘计算。

7. 任何情况下，搭接长度不应小于 300mm。

8. 四级抗震等级时，$l_{lE}=l_l$。

9. 当位于同一连接区段内的钢筋搭接接头面积百分率为 100% 时，$l_{lE}=1.6l_{aE}$。

10. 当位于同一连接区段内的钢筋搭接接头面积百分率为表中数据中间值时，搭接长度可按内插取值。

11. HPB300 级钢筋末端应做 180° 弯钩，做法详见 22G101-1 图集第 58 页。

地下室抗震 KZ 的纵向钢筋连接构造与箍筋加密区范围 表 2-2-5

名 称	构 造 图	构 造 说 明
绑扎搭接	图 2-2-9(a)	字母释义: h_c——柱截面长边尺寸(圆柱为截面直径); H_n——所在楼层的柱净高; d——框架柱纵向钢筋直径; l_{lE}——纵向受拉钢筋抗震绑扎搭接长度; l_{aE}——纵向受拉钢筋抗震锚固长度,见表 2-2-9; l_{abE}——纵向受拉钢筋的抗震基本锚固长度,见表 2-2-7。
机械连接	图 2-2-9(b)	
焊接连接	图 2-2-9(c)	构造图解析: (1)绑扎搭接中,当某层连接区的高度小于纵筋分两批搭接所需要的高度时,应改用机械连接或焊接连接。 (2)图 2-2-9 和 2-2-10 中钢筋连接构造及柱箍筋加密区范围用于嵌固部位不在基础底面情况下地下室部分(基础底面至嵌固部位)的柱。
箍筋加密区范围	图 2-2-10	
地下一层增加钢筋在嵌固部位的锚固构造	图 2-2-11	(3)地下一层增加钢筋在嵌固部位的锚固构造仅用于按《建筑抗震设计规范》GB 50011—2010 第 6.1.14 条在地下一层增加的 10%钢筋。由设计指定时表示地下一层比上层柱多出的钢筋

受拉钢筋基本锚固长度 l_{ab} 见表 2-2-6。抗震设计时受拉钢筋基本锚固长度 l_{abE} 见表 2-2-7。

受拉钢筋基本锚固长度 l_{ab} 表 2-2-6

钢筋种类	混凝土强度等级							
	C25	C30	C35	C40	C45	C50	C55	≥C60
HPB300	34d	30d	28d	25d	24d	23d	22d	21d
HRB400、HRBF400、RRB400	40d	35d	32d	29d	28d	27d	26d	25d
HRB500、HRBF500	48d	43d	39d	36d	34d	32d	31d	30d

抗震设计时受拉钢筋基本锚固长度 l_{abE} 表 2-2-7

钢筋种类		混凝土强度等级							
		C25	C30	C35	C40	C45	C50	C55	≥C60
HPB300	一、二级	39d	35d	32d	29d	28d	26d	25d	24d
	三级	36d	32d	29d	26d	25d	24d	23d	22d
HRB400 HRBF400	一、二级	46d	40d	37d	33d	32d	31d	30d	29d
	三级	42d	37d	34d	30d	29d	28d	27d	26d
HRB500 HRBF500	一、二级	55d	49d	45d	41d	39d	37d	36d	35d
	三级	50d	45d	41d	38d	36d	34d	33d	32d

注:1. 四级抗震时,$l_{abE} = l_{ab}$。
2. 混凝土强度等级应取锚固区的混凝土强度等级。
3. 当锚固钢筋的保护层厚度不大于 5d 时,锚固钢筋长度范围内应设置横向构造钢筋,其直径不应小于 d/4(d 为锚固钢筋的最大直径);对梁、柱等构件间距不应大于 5d,对板、墙等构件间距不应大于 10d,且均不应大于 100mm(d 为锚固钢筋的最小直径)。

受拉钢筋锚固长度 l_a 见表 2-2-8。受拉钢筋抗震锚固长度 l_{aE} 见表 2-2-9。

受拉钢筋锚固长度 l_a　　　　　　　　　　　表 2-2-8

钢筋种类	混凝土强度等级															
	C25		C30		C35		C40		C45		C50		C55		C60	
	$d\leqslant$ 25	$d>$ 25	$d\leqslant$ 25	$d>$ 25	$d\leqslant$ 25	$d>$ 25	$d\leqslant$ 25	$d>$ 25	$d\leqslant$ 25	$d>$ 25	$d\leqslant$ 25	$d>$ 25	$d\leqslant$ 25	$d>$ 25	$d\leqslant$ 25	$d>$ 25
HPB300	$34d$	—	$30d$	—	$28d$	—	$25d$	—	$24d$	—	$23d$	—	$22d$	—	$21d$	—
HRB400、HRBF400 RRB400	$40d$	$44d$	$35d$	$39d$	$32d$	$35d$	$29d$	$32d$	$28d$	$31d$	$27d$	$30d$	$26d$	$29d$	$25d$	$28d$
HRB400、HRBF500	$48d$	$53d$	$43d$	$47d$	$39d$	$43d$	$36d$	$40d$	$34d$	$37d$	$32d$	$35d$	$31d$	$34d$	$30d$	$33d$

图 2-2-9　地下室框架柱 KZ 的纵向钢筋连接结构

（a）绑扎搭接；（b）机械连接；（c）焊接连接

图 2-2-10　箍筋加密区范围

图 2-2-11　地下一层增加钢筋在嵌固部位的锚固构造

（a）弯锚；（b）直锚

受拉钢筋抗震锚固长度 l_{aE}

表 2-2-9

钢筋种类及抗震等级		混凝土强度等级															
		C25		C30		C35		C40		C45		C50		C55		≥C60	
		$d \leq 25$	$d > 25$	$d \leq 25$	$d > 25$	$d \leq 25$	$d > 25$	$d \leq 25$	$d > 25$	$d \leq 25$	$d > 25$	$d \leq 25$	$d > 25$	$d \leq 25$	$d > 25$	$d \leq 25$	$d > 25$
HPB300	一、二级	39d	—	35d	—	32d	—	29d	—	28d	—	26d	—	25d	—	24d	—
	三级	36d	—	32d	—	29d	—	26d	—	25d	—	24d	—	23d	—	22d	—
HRB400 HRBF400	一、二级	46d	51d	40d	45d	37d	40d	33d	37d	32d	36d	31d	35d	30d	33d	29d	32d
	三级	42d	46d	37d	41d	34d	37d	30d	34d	29d	33d	28d	32d	27d	30d	26d	29d
HRB500 HRBF500	一、二级	55d	61d	49d	54d	45d	49d	41d	46d	39d	43d	37d	40d	36d	39d	35d	38d
	三级	50d	56d	45d	50d	41d	45d	38d	42d	36d	39d	34d	37d	33d	36d	32d	35d

注：1. 当为环氧树脂涂层带肋钢筋时，表中数据尚应乘以 1.25。
　　2. 当纵向受拉钢筋在施工过程中易受扰动时，表中数据尚应乘以 1.1。
　　3. 当锚固长度范围内纵向受力钢筋周边保护层厚度为 3d、5d（d 为锚固钢筋的直径）时，表中数据可分别乘以 0.8、0.7；中间时按内插值。
　　4. 当纵向受拉普通钢筋锚固长度修正系数（注 1～注 3）多于一项时，可按连乘计算。
　　5. 受拉钢筋的锚固长度 l_a、l_{aE} 计算值不应小于 200mm。
　　6. 四级抗震时，$l_{aE} = l_a$。
　　7. 当锚固钢筋的保护层厚度不大于 5d 时，锚固钢筋长度范围内应设置横向构造钢筋，其直径不应小于 d/4（d 为锚固钢筋的最大直径）；对梁、柱等构件间距不应大于 5d，对板、墙等构件间距不应大于 10d，且均不应大于 100mm（d 为锚固钢筋的最小直径）。
　　8. HPB300 级钢筋末端应做 180°弯钩，做法详见 22G101-1 图集第 58 页。
　　9. 混凝土强度等级应取锚固区的混凝土强度等级。

2.2.3　框架柱节点钢筋构造

1. 框架柱变截面位置纵向钢筋构造

在 22G101-1 图集 72 页中，关于框架柱（KZ）变截面位置纵向钢筋构造画出了五个节点构造图，具体见表 2-2-10。

KZ 柱变截面位置纵向钢筋构造

表 2-2-10

名　称	构　造　图	构　造　说　明
构造一	图 2-2-12(a)	字母释义： 　　d——框架柱纵向钢筋直径； 　　h_b——框架梁的截面高度； 　　Δ——上下柱同向侧面错开的宽度； 　　l_{aE}——纵向受拉钢筋抗震锚固长度； 　　l_{abE}——纵向受拉钢筋的抗震基本锚固长度。
构造二	图 2-2-12(b)	
构造三	图 2-2-12(c)	构造图解析： 　　(1)从图 2-2-12 中我们可以看出，"楼面以上部分"是描述上层柱纵筋与下柱纵筋的连接，与"变截面"的关系不大，而变截面主要的变化在"楼面以下"。 　　(2)通过对图形进行简化，描述"变截面"构造可以分为："$\Delta / h_b > 1/6$"情形下变截面的做法；"$\Delta / h_b \leq 1/6$"情形下变截面的做法。
构造四	图 2-2-12(d)	
构造五	图 2-2-12(e)	(3)框架柱在"变截面"处的纵筋做法的影响因素： 　　1)与"变截面"的幅度有关； 　　2)与框架柱平面布置的位置有关； 　　3)在处理框架柱变截面时，应注意"角柱"。

图 2-2-12 KZ柱变截面位置纵向钢筋构造

2. KZ 边柱、角柱柱顶等截面伸出时纵向钢筋构造

KZ边柱、角柱柱顶等截面伸出时纵向钢筋构造见表 2-2-11。

KZ边柱、角柱柱顶等截面伸出时纵向钢筋构造　　　表 2-2-11

名称	构造图	构造说明
①	箍筋规格及数量由设计指定,肢距不大于400 箍筋间距应满足22G101-1图集第59页注7要求 伸至柱外侧纵筋内侧,且≥0.6l_{abE} 梁上部纵筋 梁下部纵筋 (当伸出长度自梁顶算起满足直锚长度l_{aE}时)	字母释义: d——框架柱纵向钢筋直径; l_{aE}——纵向受拉钢筋抗震锚固长度; l_{abE}——纵向受拉钢筋的抗震基本锚固长度。 构造图解析: (1)该图所示为顶层边柱、角柱伸出屋面时的柱纵筋做法,设计时应根据具体伸出长度采取相应节点做法。 (2)当柱顶伸出屋面的截面发生变化时应另行设计。 (3)图中梁下部纵筋构造见22G101-1图集第90页
②	箍筋规格及数量由设计指定,肢距不大于400 箍筋间距应满足22G101-1图集第59页注7要求 伸至柱外侧纵筋内侧,且≥0.6l_{abE} 梁上部纵筋 梁下部纵筋 (当伸出长度自梁顶算起不能满足直锚长度l_{aE}时)	

3. 框架柱顶层中间节点钢筋构造

根据框架柱在柱网布置中的具体位置（或框架柱四边中与框架梁连接的边数），可分为：中柱、边柱和角柱。根据框架柱中钢筋的位置，可以将框架柱中的钢筋分为框架柱内侧纵筋和外侧纵筋。顶层中间节点（顶层中柱与顶层梁节点）的柱纵筋全部为内侧纵筋，顶层边节点（顶层边柱与顶层梁节点）和顶层角节点（顶层角柱与顶层梁节点）分别由内侧和外侧钢筋组成。

框架柱 KZ 中柱柱顶纵向钢筋构造见表 2-2-12。

框架柱 KZ 中柱柱顶纵向钢筋构造　　　　　　　　表 2-2-12

名称	构 造 图	构 造 说 明
①	12d；伸至柱顶，且≥0.5l_{abE}	
②	12d；伸至柱顶，且≥0.5l_{abE} 当柱顶有不小于 100mm 厚的现浇板	字母释义： d——框架柱纵向钢筋直径； l_{aE}——纵向受拉钢筋的抗震锚固长度； l_{abE}——纵向受拉钢筋的抗震基本锚固长度。 构造图解析： (1)中柱柱头纵向钢筋构造分四种构造做法,施工人员应根据各种做法所要求的条件正确选用。 (2)节点①和节点②的做法类似,只是一个是柱纵筋的弯钩朝内拐,一个是柱纵筋的弯钩朝外拐,显然,"弯钩朝外拐"的做法更有利些。这里,节点②的使用条件为:当柱顶有不小于 100mm 厚的现浇板,一般工程都能够适合
③	伸至柱顶，且≥0.5l_{abE} 柱纵向钢筋端头加锚头(锚板)	
④	12d；虚线用于梁宽范围外 柱顶有不小于 100 厚的现浇板时可向外弯 伸至柱顶，且≥l_{aE} 当直锚长度≥l_{aE} 时	

4. 框架柱顶层端节点钢筋构造

框架柱 KZ 边柱和角柱柱顶纵向钢筋构造如下。

柱外侧纵向钢筋和梁上部纵向钢筋在节点外侧弯折搭接构造如图 2-2-13 所示。

图 2-2-13 柱外侧纵向钢筋和梁上部纵向钢筋在节点外侧弯折搭接构造

(a) 梁宽范围内钢筋 [伸入梁内柱纵向钢筋做法（从梁底算起 $1.5l_{abE}$ 超过柱内侧边缘）]；(b) 梁宽范围外钢筋在节点内锚固；(c) 梁宽范围内钢筋 [伸入梁内柱纵向钢筋做法（从梁底算起 $1.5l_{abE}$ 未超过柱内侧边缘）]；(d) 梁宽范围内钢筋伸入现浇板内锚固（现浇板厚度不小于 100mm 时）

(1) KZ 边柱和角柱梁宽范围外节点外侧柱纵向钢筋构造应与梁宽范围内节点外侧和梁端顶部弯折搭接构造配合使用。

(2) 梁宽范围内 KZ 边柱和角柱柱顶纵向钢筋伸入梁内的柱外侧纵筋不宜少于柱外侧全部纵筋面积的 65%。

(3) 节点纵向钢筋弯折要求和角部附加钢筋要求如图 2-2-16、图 2-2-17 所示。

柱外侧纵向钢筋和梁上部钢筋在柱顶外侧直线搭接构造如图 2-2-14 所示。

图 2-2-14 柱外侧纵向钢筋和梁上部钢筋在柱顶外侧直线搭接构造

梁宽范围内柱外侧纵向钢筋弯入梁内作梁筋构造如图 2-2-15 所示。

当柱外侧纵向钢筋直径不小于梁上部钢筋时，梁宽范围内柱外侧纵向钢筋可弯入梁内

图 2-2-15 梁宽范围内柱外侧纵向钢筋弯入梁内作梁筋构造

作梁上部纵向钢筋，与柱外侧纵向钢筋和梁上部纵向钢筋在节点外侧弯折搭接构造（梁宽范围内钢筋）组合使用。

节点纵向钢筋弯折要求如图 2-2-16 所示。

角部附加钢筋如图 2-2-17 所示。

$d \leqslant 25$ $r = 6d$
$d > 25$ $r = 8d$

图 2-2-16 节点纵向钢筋弯折要求
（用于柱外侧纵向钢筋及梁上部纵向钢筋）

图 2-2-17 角部附加钢筋

2.2.4 框架柱箍筋构造

KZ、剪力墙上起框架柱、梁上起框架柱箍筋加密区范围及剪力墙上起框架柱、梁上起框架柱纵向钢筋构造见表 2-2-13。

KZ、剪力墙上起框架柱、梁上起框架柱箍筋加密区范围及 QZ、梁上起框架柱纵向钢筋构造

表 2-2-13

名称	构造图	构造说明
KZ箍筋加密区范围		字母释义： h_c——柱截面长边尺寸（圆柱为直径）； H_n——所在楼层的柱净高； H_{n*}——穿层时的柱净高； d——框架柱纵向钢筋直径。 解析：(1)"底层刚性地面上下各加密500mm"的理解： 1)刚性地面是指横向压缩变形小、竖向比较坚硬的地面，例如岩板地面； 2)"抗震 KZ 在底层刚性地面上下各加密500mm"只适用于没有地下室或架空层的建筑，因为若有地下室，则底层就成了"楼面"，而不是"地面"了； 3)要是"地面"的标高（±0.000）落在基础顶面$H_n/3$ 的范围内，则这个上下 500mm 的加密区就与 $H_n/3$ 的加密区重合了，这两种箍筋加密区不必重复设置。 (2)除具体工程设计标注有箍筋全高加密的柱外，柱箍筋加密区按本表中图所示。 (3)当柱纵筋采用搭接连接时，搭接区范围内箍筋构造如图 2-2-18 所示。 (4)为便于施工时确定柱箍筋加密区的高度，可按表 2-2-14 查用。 表 2-2-14 的深入理解如下： 1)"柱净高（包括因嵌砌填充墙等形成的柱净高）与柱截面长边尺寸（圆柱为截面直径）的比值 $H_n/h_c \leqslant 4$ 时，箍筋沿柱全高加密。"可理解为"短柱"的箍筋沿柱全高加密，条件为 $H_n/h_c \leqslant 4$，在实际工程中，"短柱"出现较多的部位在地下室。当地下室的层高较小时，容易形成"$H_n/h_c \leqslant 4$"的情况。 2)表 2-2-14 使用方法举例：已知 $H_n = 3600$mm，$h_c = 750$mm，从表格的左列表头 H_n 中找到"3600"，从而找到"3600"这一行；从表格的上表头 h_c 中找到"750"这一列。则这一行和这一列的交叉点上的数值"750mm"就是所求的"箍筋加密区的高度"。

名称	构造图	构造说明
KZ 箍筋加密区范围	 单向穿层KZ箍筋加密区范围(单方向无梁且无板) 双向穿层KZ箍筋加密区范围(双方向无梁且无板)	字母释义: h_c——柱截面长边尺寸(圆柱为直径); H_n——所在楼层的柱净高; d——框架柱纵向钢筋直径。 构造图解析: (1)"底层刚性地面上下各加密500mm"的理解: 1)刚性地面是指横向压缩变形小、竖向比较坚硬的地面,例如岩板地面; 2)"抗震 KZ 在底层刚性地面上下各加密500mm"只适用于没有地下室或架空层的建筑,因为若有地下室,则底层就成了"楼面",而不是"地面"了; 3)要是"地面"的标高(±0.000)落在基础顶面 $H_n/3$ 的范围内,则这个上下500mm的加密区就与 $H_n/3$ 的加密区重合了,这两种箍筋加密区不必重复设置。 (2)除具体工程设计标注有箍筋全高加密的柱外,柱箍筋加密区按本表中图所示。 (3)当柱纵筋采用搭接连接时,搭接区范围内箍筋构造如图 2-2-18 所示。 (4)为便于施工时确定柱箍筋加密区的高度,可按表2-2-14 查用。 表 2-2-14 的深入理解如下: 1)"柱净高(包括因嵌砌填充墙等形成的柱净高)与柱截面长边尺寸(圆柱为截面直径)的比值 $H_n/h_c \leqslant 4$ 时,箍筋沿柱全高加密。"可理解为"短柱"的箍筋沿柱全高加密,条件为 $H_n/h_c \leqslant 4$,在实际工程中,"短柱"出现较多的部位在地下室。当地下室的层高较小时,容易形成"$H_n/h_c \leqslant 4$"的情况。 2)表 2-2-14 使用方法举例:已知 $H_n = 3600$mm,$h_c = 750$mm,从表格的左列表头 H_n 中找到"3600",从而找到3600这一行;从表格的上表头 h_c 中找到"750"这一列。则这一行和这一列的交叉点上的数值"750mm"就是所求的"箍筋加密区的高度"。

名　称	构　造　图	构　造　说　明
底层刚性地面上下的箍筋加密构造		
剪力墙上起框架柱 KZ 纵筋构造		（5）剪力墙上起框架柱，在墙顶面标高以下锚固范围内的柱箍筋按上柱非加密区箍筋要求配置；梁上起框架柱时，在梁内设置间距不大于 500mm，且至少两道柱箍筋。 （6）剪力墙上起框架柱（柱纵筋锚固在墙顶部时）和梁上起框架柱时，墙体和梁的平面外方向应设梁，以平衡柱脚在该方向的弯矩；当柱宽度大于梁宽时，梁应设水平加腋。 （7）当梁为拉弯构件时，梁上起柱应根据实际受力情况采取加强措施，柱纵筋构造做法应由设计指定。
梁上起框架柱 KZ 纵筋构造		

（1）纵向受力钢筋搭接区内箍筋直径不小于 $d/4$（d 为搭接钢筋最大直径），且不小于构件所配箍筋直径；箍筋间距不应大于 100mm 及 $5d$（d 为搭接钢筋最小直径）。

（2）当受压钢筋直径大于 25mm 时，尚应在搭接接头两个墙面外 100mm 的范围内各设置两道箍筋。

图 2-2-18　梁、柱类构件纵向受力钢筋搭接接头区箍筋构造

抗震框架柱和小墙肢箍筋加密区高度选用表（单位：mm）　　　表 2-2-14

柱净高 H_n(mm)	柱截面长边尺寸 h_c 或圆柱直径 D																		
	400	450	500	550	600	650	700	750	800	850	900	950	1000	1050	1100	1150	1200	1250	1300
1500																			
1800	500																		
2100	500	500	500																
2400	500	500	500	550															
2700	500	500	500	550	600	650													
3000	500	500	500	550	600	650	700												
3300	550	550	550	550	600	650	700	750	800										
3600	600	600	600	600	600	650	700	750	800	850									
3900	650	650	650	650	650	650	700	750	800	850	900	950							
4200	700	700	700	700	700	700	700	750	800	850	900	950	1000						
4500	750	750	750	750	750	750	750	750	800	850	900	950	1000	1050	1100				
4800	800	800	800	800	800	800	800	800	800	850	900	950	1000	1050	1100	1150			
5100	850	850	850	850	850	850	850	850	850	850	900	950	1000	1050	1100	1150	1200	1250	
5400	900	900	900	900	900	900	900	900	900	900	900	950	1000	1050	1100	1150	1200	1250	1300
5700	950	950	950	950	950	950	950	950	950	950	950	950	1000	1050	1100	1150	1200	1250	1300
6000	1000	1000	1000	1000	1000	1000	1000	1000	1000	1000	1000	1000	1000	1050	1100	1150	1200	1250	1300
6300	1050	1050	1050	1050	1050	1050	1050	1050	1050	1050	1050	1050	1050	1050	1100	1150	1200	1250	1300
6600	1100	1100	1100	1100	1100	1100	1100	1100	1100	1100	1100	1100	1100	1100	1100	1150	1200	1250	1300
6900	1150	1150	1150	1150	1150	1150	1150	1150	1150	1150	1150	1150	1150	1150	1150	1150	1200	1250	1300
7200	1200	1200	1200	1200	1200	1200	1200	1200	1200	1200	1200	1200	1200	1200	1200	1200	1200	1250	1300

（表中右上部标注"箍筋全高加密"）

注：1. 表内数值未包括框架嵌固部位柱根部箍筋加密区范围。

2. 柱净高（包括因嵌砌填充墙等形成的柱净高）与柱截面长边尺寸（圆柱为截面直径）的比值 $H_n/h_c \leqslant 4$ 时，箍筋沿柱全高加密。

3. 小墙肢即墙肢长度不大于墙厚 4 倍的剪力墙。矩形小墙肢的厚度不大于 300mm 时，箍筋全高加密。

2.3　柱平法施工图识读实例

假想从楼层中部将建筑物水平剖开，向下投影形成柱平面图。柱平法施工图则是在柱平面布置图上采用截面注写方式或列表注写方式表达框架柱、框支柱、芯柱、梁上柱和剪力墙上柱的截面尺寸、与轴线几何关系和配筋情况。

2.3.1　柱平法施工图的主要内容

柱平法施工图主要包括以下内容：

（1）图名和比例。柱平法施工图的比例应与建筑平面图相同。

（2）定位轴线及其编号、间距尺寸。

（3）柱的编号、平面布置、与轴线的几何关系。

（4）每一种编号柱的标高、截面尺寸、纵向钢筋和箍筋的配置情况。

（5）必要的设计说明（包括对混凝土等材料性能的要求）。

2.3.2 柱平法施工图的识读步骤

柱平法施工图识读步骤如下：

（1）查看图名、比例。

（2）校核轴线编号及间距尺寸，要求必须与建筑图、基础平面图一致。

（3）与建筑图配合，明确各柱的编号、数量和位置。

（4）阅读结构设计总说明或有关说明，明确柱的混凝土强度等级。

（5）根据各柱的编号，查看图中截面标注或柱表，明确柱的标高、截面尺寸和配筋情况。再根据抗震等级、设计要求和标准构造详图确定纵向钢筋和箍筋的构造要求（例如纵向钢筋连接的方式、位置，搭接长度，弯折要求，柱顶锚固要求，箍筋加密区的范围等）。

（6）图纸说明其他的有关要求。

2.3.3 柱平法施工图实例

图 2-3-1 是××工程柱平法施工图的列表注写方式，图 2-3-2、图 2-3-3 为用截面注写方式表达的××工程柱平法施工图。各柱平面位置如图 2-3-2 所示，截面尺寸和配筋情况如图 2-3-3 所示。从图中可以了解以下内容：

图 2-3-2 为柱平法施工图，绘制比例为 1：100。轴线编号及其间距尺寸与建筑图、基础平面布置图一致。

该柱平法施工图中的柱包含框架柱和框支柱，共有 4 种编号，其中框架柱 1 种，框支柱 3 种。

7 根 KZ1，位于Ⓐ轴线上；34 根 KZZ1 分别位于Ⓒ、Ⓓ、Ⓔ和Ⓖ轴线上；2 根 KZZ2 位于Ⓕ轴线上；13 根 KZZ3，位于Ⓑ轴线上。

本工程的结构构件抗震等级：转换层以下框架为二级，一、二层剪力墙及转换层以上两层剪力墙，抗震等级为三级，以上各层抗震等级为四级。

根据一、二层框支柱平面布置图可知：

KZ1：框架柱，截面尺寸为 400mm×400mm，纵向受力钢筋为 8 根直径为 16mm 的 HRB400 钢筋；箍筋直径为 8mm 的 HPB300 钢筋，加密区间距为 100mm，非加密区间距为 150mm。根据《混凝土结构设计规范》GB 50010—2010 和 22G101 图集，考虑抗震要求框架柱和框支柱上、下两端箍筋应加密。箍筋加密区长度为：基础顶面以上底层柱根加密区长度不小于底层净高的 1/3；其他柱端加密区长度应取柱截面长边尺寸、柱净高的 1/6 和 500mm 中的最大值；刚性地面上、下各 500mm 的高度范围内箍筋加密。因为是二级抗震等级，根据《混凝土结构设计规范》GB 50010—2010，角柱应沿柱全高加密箍筋。

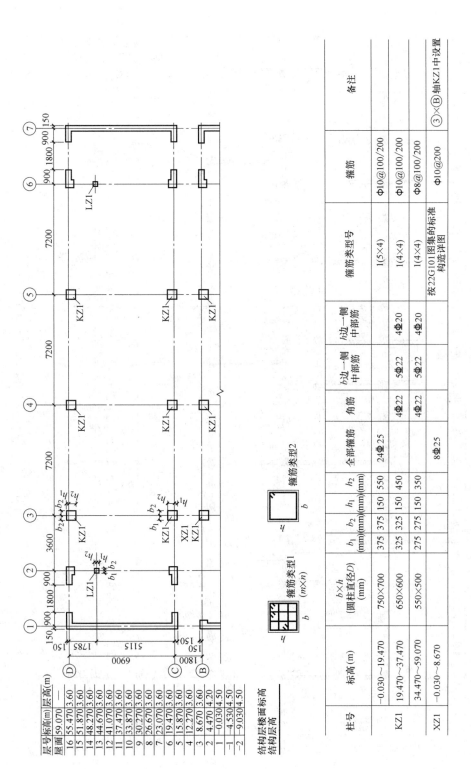

图 2-3-1　柱平法施工图列表注写方式

柱号	标高 (m)	b×h (圆柱直径D) (mm)	b₁ (mm)	b₂ (mm)	h₁ (mm)	h₂ (mm)	全部纵筋	角筋	b边一侧中部筋	h边一侧中部筋	箍筋类型号	箍筋	备注
KZ1	-0.030~19.470	750×700	375	375	150	550	24Φ25				1(5×4)	Φ10@100/200	③×Ⓑ轴KZ1中设置
	19.470~37.470	650×600	325	325	150	450		4Φ22	5Φ22	4Φ20	1(4×4)	Φ10@100/200	
	34.470~59.070	550×500	275	275	150	350		4Φ22	5Φ22	4Φ20	1(4×4)	Φ8@100/200	
XZ1	-0.030~8.670						8Φ25				按22G101图集的标准构造详图	Φ10@200	

图 2-3-2　1号一、二层框支柱平面布置图

KZZ1：框支柱，截面尺寸为 600mm×600mm，纵向受力钢筋为 12 根直径为 25mm 的 HRB400 钢筋；箍筋直径为 12mm 的 HRB400 钢筋，间距 100mm，全长加密。

KZZ2：框支柱，截面尺寸为 600mm×600mm，纵向受力钢筋为 16 根直径为 25mm 的 HRB400 钢筋；箍筋直径为 12mm 的 HRB400 钢筋，间距 100mm，全长加密。

KZZ3：框支柱，截面尺寸为 600mm×500mm，纵向受力钢筋为 12 根直径为 22mm 的 HRB400 钢筋；箍筋直径为 12mm 的 HRB400 钢筋，间距 100mm，全长加密。

柱纵向钢筋的连接可以采用绑扎搭接和焊接连接，框支柱宜采用机械连接，连接一般设在非箍筋加密区。连接时，柱相邻纵向钢筋接头应相互错开，为保证同一截面内钢筋接头面积百分率不大于 50%，纵向钢筋分两段连接，具体如图 2-2-5 (a)、(c) 所示。绑扎搭接时，图中的绑扎搭接长度为 $1.4l_{aE}$，同时在柱纵向钢筋搭接长度范围内加密箍筋，加密箍筋间距取 $5d$（d 为搭接钢筋钢筋较小直径）及 100mm 的较小值（本工程 KZ1 加密箍筋间距为 80mm；框支柱为 100mm）。抗震等级为二级、C30 混凝土时的 l_{aE} 为 $34d$。

图 2-3-3 柱截面和配筋

框支柱在三层墙体范围内的纵向钢筋应伸入三层墙体内至三层顶棚顶部，其余框支柱和框架柱，KZ1 钢筋按 22G101-1 图集锚入梁板内。根据 22G101-1 图集，抗震框架边柱和角柱柱顶纵向钢筋构造见 2.2.3 节第 4 条，根据设计指定选用；若设计未指定，施工可根据具体情况自主选定。本工程柱外侧纵向钢筋配筋率≤1.2%，且混凝土强度等级≥C20，板厚≥80mm，所以柱顶构造可选用。

练 习 题

1. 简述如何绘制柱平面布置图。
2. 填写下表中构件代号的构件名称。

构件代号	构件名称
KZ	
ZHZ	
XZ	

3. 什么是柱列表注写方式？
4. 柱平法施工图列表注写方式由哪些部分组成？

5. 如何注写柱高?

6. 说明下列柱箍筋所代表的含义:

Φ10@100/250;

Φ10@100/250(Φ12@100);

Φ10@100;

LΦ10@100/200。

7. 什么是柱截面注写方式?

8. 列出柱列表注写方式与截面注写方式的区别。

9. 简述柱纵向钢筋在基础中构造要求。

10. 简述框架梁上起柱钢筋锚固构造要求。

11. 什么是芯柱?芯柱的纵向钢筋和箍筋有哪些构造要求?

12. 框架柱纵向钢筋连接构造中,基本的连接要求有哪些?

13. KZ 边柱和角柱柱顶纵向钢筋构造中,如何理解"伸入梁内的柱外侧纵筋不宜少于柱外侧全部纵筋面积的 65%"?

3 剪力墙平法识图

3.1 剪力墙平法施工图制图规则

3.1.1 剪力墙平法施工图的表示方法

剪力墙平法施工图是在剪力墙平面布置图上采用列表注写方式或截面注写方式表达。

剪力墙平面布置图主要包含两部分：剪力墙平面布置图和剪力墙各类构造和节点构造详图。

1. 剪力墙各类构件

在平法施工图中，将剪力墙分为剪力墙柱、剪力墙身和剪力墙梁。

剪力墙柱（简称墙柱）包含纵向钢筋和横向箍筋，其连接方式与柱相同。

剪力墙梁（简称墙梁）可分为剪力墙连梁、剪力墙暗梁和剪力墙边框梁三类，其由纵向钢筋和横向箍筋组成，绑扎方式与梁基本相同。

剪力墙身（简称墙身）包含竖向钢筋、横向钢筋和拉筋。

2. 边缘构件

根据《建筑抗震设计规范》GB 50011—2010 要求，剪力墙两端和洞口两侧应设置边缘构件。边缘构件包括：暗柱、端柱和翼墙。

对于剪力墙结构，底层墙肢底截面的轴压比不大于抗震规范要求的最大轴压比的一、二、三级剪力墙和四级抗震墙，墙肢两端可设置构造边缘构件。

对于剪力墙结构，底层墙肢底截面的轴压比大于抗震规范要求的最大轴压比的一、二、三级抗震等级剪力墙，以及部分框支剪力墙结构的抗震墙，应在底部加强部位及相邻的上一层设置约束边缘构件，在以上的部位可设置构造边缘构件。

3. 剪力墙的定位

通常，轴线位于剪力墙中央。当轴线未居中布置时，应在剪力墙平面布置图上直接标注偏心尺寸。由于剪力墙暗柱与短肢剪力墙的宽度与剪力墙身同厚，因此，剪力墙偏心情况定位时，暗柱及小墙肢位置也随之确定。

3.1.2 剪力墙编号规定

剪力墙按墙柱、墙身和墙梁三类构件分别编号。

（1）墙柱编号，由墙柱类型代号和序号组成，表达形式应符合表 3-1-1 的规定。

墙柱类型	代号	序号
约束边缘构件	YBZ	××
构造边缘构件	GBZ	××
非边缘暗柱	AZ	××
扶壁柱	FBZ	××

注：约束边缘构件包括约束边缘暗柱、约束边缘端柱、约束边缘翼墙、约束边缘转角墙四种，如图 3-1-1 所示。
　　构造边缘构件包括构造边缘暗柱、构造边缘端柱、构造边缘翼墙、构造边缘转角墙四种，如图 3-1-2 所示。

图 3-1-1　约束边缘构件

（a）约束边缘暗柱；（b）约束边缘端柱；（c）约束边缘翼墙；（d）约束边缘转角墙

λ_v—剪力墙约束边缘构件配箍特征值；l_c—剪力墙约束边缘构件沿墙肢的长度；

b_f—剪力墙水平方向的厚度；b_c—剪力墙约束边缘端柱垂直方向的长度；b_w—剪力墙垂直方向的厚度

　　（2）墙身编号，由墙身代号（Q）、序号以及墙身所配置的水平与竖向分布钢筋的排数组成，其中排数注写在括号内。表达形式为：

Q×× 　（××排）

墙身序号 　　　　　　　钢筋排数

注：1. 在编号中：如若干墙柱的截面尺寸与配筋均相同，仅截面与轴线的关系不同时，可将其编为同一墙柱号；又如若干墙身的厚度尺寸和配筋均相同，仅墙厚与轴线的关系不同或墙身长度不同时，也可将其编为同一墙身号，但应在图中注明与轴线的几何关系。

2. 当墙身所设置的水平与竖向分布钢筋的排数为 2 时可不注。

3. 对于分布钢筋网的排数规定：当剪力墙厚度不大于 400mm 时，应配置双排；当剪力墙厚度大于 400mm，但不大于 700mm 时，宜配置三排；当剪力墙厚度大于 700mm 时，宜配置四排。

4.当剪力墙配置的分布钢筋多于两排时，剪力墙拉筋两端应同时钩住外排水平纵筋和竖向纵筋，还应与剪力墙内排水平纵筋和竖向纵筋绑扎在一起。

（3）墙梁编号，由墙梁类型代号和序号组成，表达形式应符合表 3-1-2 的规定。

3.1.3 列表注写方式

列表注写方式是分别在剪力墙柱表、剪力墙身表和剪力墙梁表中，对应剪力墙平面布置图上的编号，用绘制截面配筋图并注写几何尺寸与配筋具体数值的方式，来表达剪力墙平法施工图。

1. 剪力墙柱表

剪力墙柱表主要包括以下内容：

（1）注写墙柱编号（表 3-1-1），绘制该墙柱的截面配筋图，标注墙柱几何尺寸。

图 3-1-2 构造边缘构件

（a）构造边缘暗柱；（b）构造边缘端柱；（c）构造边缘翼墙（括号中数值用于高层建筑）；（d）构造边缘转角墙（括号中数值用于高层建筑）

b_f—剪力墙水平方向的厚度；b_c—剪力墙约束边缘端柱垂直方向的长度；b_w—剪力墙垂直方向的厚度；A_c—剪力墙的构造边缘构件区；h_c—柱截面长边尺寸

墙梁编号　　　　　　　　　　　　　　　　　　　表 3-1-2

墙梁类型	代号	序号
连梁	LL	××
连梁（对角暗撑配筋）	LL(JC)	××
连梁（交叉斜筋配筋）	LL(JX)	××
连梁（集中对角斜筋配筋）	LL(DX)	××
连梁（跨高比不小于 5）	LLk	××
暗梁	AL	××
边框梁	BKL	××

注：在具体工程中，当某些墙身需设置暗梁或边框梁时，宜在剪力墙平法施工图中绘制暗梁或边框梁的平面布置图并编号，以明确其具体位置。

1）约束边缘构件（图 3-1-1）需注明阴影部分尺寸。

注：剪力墙平面布置图中应注明约束边缘构件沿墙肢长度 l_c。

2）构造边缘构件（图 3-1-2）需注明阴影部分尺寸。

3）扶壁柱及非边缘暗柱需标注几何尺寸。

（2）注写各段墙柱的起止标高，自墙柱根部往上以变截面位置或截面未变但配筋改变处为界分段注写。墙柱根部标高一般指基础顶面标高（部分框支剪力墙结构则为框支梁顶面标高）。

（3）注写各段墙柱的纵向钢筋和箍筋，注写值应与在表中绘制的截面配筋图对应一致。纵向钢筋注总配筋值；墙柱箍筋的注写方式与柱箍筋相同。

设计施工时应注意：

Ⅰ. 在剪力墙平面布置图中需注写约束边缘构件非阴影区内布置的拉筋或箍筋直径，与阴影区箍筋直径相同时，可不注。

Ⅱ. 当约束边缘构件体积配箍率计算中计入墙身水平分布钢筋时，设计者应注明。施工时，墙身水平分布钢筋应注意采用相应的构造做法。

Ⅲ. 22G101-1 图集约束边缘构件非阴影区拉筋是沿剪力墙竖向分布钢筋逐根设置。施工时应注意，非阴影区外圈设置箍筋时，箍筋应包住阴影区内第二列竖向纵筋。当设计采用与构造详图不同的做法时，应另行注明。

Ⅳ. 当非底部加强部位构造边缘构件采用墙身水平分布钢筋替代部分边缘构件箍筋时，设计者应注明。施工时，墙身水平分布钢筋应注意采用相应的构造做法。

2. 剪力墙身表

剪力墙身表主要包括以下内容：

（1）注写墙身编号（含水平与竖向分布钢筋的排数）。

（2）注写各段墙身起止标高，自墙身根部往上以变截面位置或截面未变但配筋改变处为界分段注写。墙身根部标高一般指基础顶面标高（部分框支剪力墙结构则为框支梁的顶面标高）。

（3）注写水平分布钢筋、竖向分布钢筋和拉筋的具体数值。注写数值为一排水平分布钢筋和竖向分布钢筋的规格与间距，具体设置几排已经在墙身编号后面表达。当内外排竖向分布钢筋配筋不一致时，应单独注写内、外排钢筋的具体数值。

拉结筋应注明布置方式"矩形"或"梅花"布置，用于剪力墙分布钢筋的拉结，如图3-1-6 所示。

3. 剪力墙梁表

剪力墙梁表的主要内容如下：

（1）注写墙梁编号，见表 3-1-2。

（2）注写墙梁所在楼层号。

（3）注写墙梁顶面标高高差是指相对于墙梁所在结构层楼面标高的高差值。高于者为正值，低于者为负值，当无高差时不注。

（4）注写墙梁截面尺寸 $b \times h$，上部纵筋、下部纵筋和箍筋的具体数值。

（5）当连梁设有对角暗撑时 ［代号为 LL（JC）××］，注写暗撑的截面尺寸（箍筋外皮尺寸）；注写一根暗撑的全部纵筋，并标注"×2"表明有两根暗撑相互交叉；注写暗撑箍筋的具体数值。连梁设有对角暗撑时列表注写示例见图 3-1-3。

连梁设对角暗撑配筋表

编号	所在楼层号	梁顶相对标高高差	梁截面 $b \times h$	上部纵筋	下部纵筋	侧面纵筋	墙梁箍筋	对角暗撑		
								截面尺寸	纵筋	箍筋

图 3-1-3　连梁设对角暗撑配筋列表注写示例

（6）当连梁设有交叉斜筋时 ［代号为 LL（JX）××］，注写连梁一侧对角斜筋的配筋值，并标注"×2"表明对称设置；注写对角斜筋在连梁端部设置的拉筋根数、规格及直径，并标注"×4"表示四个角都设置；注写连梁一侧折线筋配筋值，并标注"×2"表明对称设置。连梁设有交叉斜筋时列表注写示例见图3-1-4。

连梁设交叉斜筋配筋表

编号	所在 楼层号	梁顶相对 标高高差	梁截面 b×h	上部 纵筋	下部 纵筋	侧面 纵筋	墙梁 箍筋	交叉斜筋		
								对角斜筋	拉筋	折线筋

图 3-1-4　连梁设交叉斜筋配筋列表注写示例

（7）当连梁设有集中对角斜筋时［代号为 LL（DX）××］，注写一条对角线上的对角斜筋，并标注"×2"表明对称设置。连梁设有集中对角斜筋时列表注写示例见图3-1-5。

连梁设集中对角斜筋配筋表

编号	所在 楼层号	梁顶相对 标高高差	梁截面 b×h	上部 纵筋	下部 纵筋	侧面 纵筋	墙梁 箍筋	集中对角斜筋

图 3-1-5　连梁设集中对角斜筋配筋列表注写示例

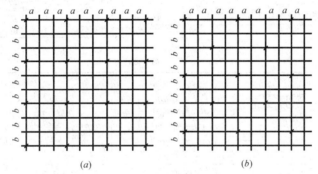

图 3-1-6　双向拉筋与梅花双向拉筋示意

（a）拉结筋@3a3b 矩形（a≤200mm、b≤200mm）；（b）拉结筋@4a4b 梅花（a≤150mm、b≤150mm）

a—竖向分布钢筋间距；b—水平分布钢筋间距

（8）跨高比不小于5的连梁，按框架梁设计时（代号为 LLk××），采用平面注写方式，注写规则同框架梁，可采用适当比例单独绘制，也可与剪力墙平法施工图合并绘制。

墙梁侧面纵筋的配置，当墙身水平分布钢筋满足连梁和暗梁侧面纵向构造钢筋的要求时，该筋配置同墙身水平分布钢筋，表中不注，施工按标准构造详图的要求即可。当墙身水平分布钢筋不满足连梁侧面纵向构造钢筋的要求时，应在表中补充注明梁侧面纵筋的具体数值纵筋沿梁高方向均匀布置；当采用平面注写方式时，梁侧面纵筋以大写字母"N"打头。梁侧面纵向钢筋在支座内锚固要求同连梁中受力钢筋。

【例】　N6Φ12，表示连梁两个侧面共配置 6 根直径为 12mm 的纵向构造钢筋，采用 HRB400 钢筋，每侧各配置 3 根。

4. 施工图示例

采用列表注写方式分别表达剪力墙墙梁、墙身和墙柱的平法施工图示例，如图3-1-7所示。

剪力墙梁表

编号	所在楼层号	梁顶相对标高高差	梁截面 b×h	上部纵筋	下部纵筋	侧面纵筋	墙梁箍筋
LL1	2~9	0.800	300×2000	4Φ25	4Φ25	同墙体水平分布筋	Φ10@100(2)
	10~16	0.800	250×2000	4Φ22	4Φ22		Φ10@100(2)
	屋面1		250×1200	4Φ20	4Φ20		Φ10@100(2)
LL2	3	-1.200	300×2520	4Φ25	4Φ25	22Φ12	Φ10@150(2)
	4	-0.900	300×2070	4Φ25	4Φ25	18Φ12	Φ10@150(2)
	5~9	-0.900	300×1770	4Φ25	4Φ25	16Φ12	Φ10@150(2)
	10~屋面1	-0.900	250×1770	4Φ22	4Φ22	16Φ12	Φ10@150(2)
LL3	2		300×2070	4Φ25	4Φ25	18Φ12	Φ10@100(2)
	3		300×1770	4Φ25	4Φ25	16Φ12	Φ10@100(2)
	4~9		300×1170	4Φ25	4Φ25	16Φ12	Φ10@100(2)
	10~屋面1		250×1170	4Φ22	4Φ22	16Φ12	Φ10@100(2)
LL4	2		250×2070	4Φ20	4Φ20	18Φ12	Φ10@125(2)
	3		250×1770	4Φ20	4Φ20	16Φ12	Φ10@125(2)
	4~屋面1		250×1170	4Φ20	4Φ20	16Φ12	Φ10@125(2)
AL1	2~9		300×600	3Φ20	3Φ20	同墙体水平分布筋	Φ8@150(2)
	10~16		250×500	3Φ18	3Φ18		Φ8@150(2)
BKL1	屋面1		500×750	4Φ22	4Φ22	4Φ16	Φ10@150(2)

注：当剪力墙厚度发生变化时，连梁LL宽度随墙厚变化。

剪力墙身表

编号	标高	墙厚	水平分布筋	垂直分布筋	拉筋(矩形)
Q1	-0.030~30.270	300	Φ12@200	Φ12@200	Φ6@600@600
	30.270~59.070	250	Φ10@200	Φ10@200	Φ6@600@600
Q2	-0.030~30.270	250	Φ10@200	Φ10@200	Φ6@600@600
	30.270~59.070	200	Φ10@200	Φ10@200	Φ6@600@600

结构层楼面标高 结构层高
注：上部结构嵌固部位：-0.030m。

-0.030~12.270剪力墙平法施工图(局部)

剪力墙柱表

	YBZ1	YBZ2	YBZ3	YBZ4
编号	YBZ1	YBZ2	YBZ3	YBZ4
标高	-0.030~12.270	-0.030~12.270	-0.030~12.270	-0.030~12.270
纵筋	24Φ20	22Φ20	18Φ22	20Φ20
箍筋	Φ10@100	Φ10@100	Φ10@100	Φ10@100
编号	YBZ5	YBZ6	YBZ7	
标高	-0.030~12.270	-0.030~12.270	-0.030~12.270	
纵筋	20Φ20	28Φ20	16Φ20	
箍筋	Φ10@100	Φ10@100	Φ10@100	

结构层楼面标高 结构层高
注：上部结构嵌固部位：-0.030m。

-0.030~12.270剪力墙平法施工图(部分剪力墙柱表)

图 3-1-7 剪力墙平法施工图列表注写方式示例

注：1. 可在结构层楼面标高、结构层高表中加设混凝土强度等级等栏目。

2. 图中 l_c 为约束边缘构件沿墙肢的长度（实际工程中应注明具体值）。

3. 层高表中，竖向粗线表示本页平面图所示剪力墙的起止标高为-0.030m~12.270m，所在层为1~3层；横向粗线表示本页平面图所示墙梁的楼面标高为2~4层楼面标高：4.470m、8.670m、12.270m。

3.1.4 截面注写方式

（1）截面注写方式，是在分标准层绘制的剪力墙平面布置图上，以直接在墙柱、墙身、墙梁上注写截面尺寸和配筋具体数值的方式来表达剪力墙平法施工图。

（2）选用适当比例原位放大绘制剪力墙平面布置图，其中对墙柱绘制配筋截面图；对所有墙柱、墙身、墙梁分别按 3.1.2 剪力墙编号规定进行编号，并分别在相同编号的墙柱、墙身、墙梁中选择一根墙柱、一道墙身、一根墙梁进行注写，其注写方式按以下规定进行。

1）从相同编号的墙柱中选择一个截面，原位绘制墙柱截面配筋图，注明几何尺寸，并在各配筋图上继而编号后标注全部纵筋及箍筋的具体数值。

注：a. 约束边缘构件（图 3-1-1）除需注明阴影部分具体尺寸外，尚需注明约束边缘构件沿墙肢长度 l_c。

b. 配筋图中需注明约束边缘构件非阴影区内布置的拉筋或箍筋直径。与阴影区箍筋直径相同时，可不注。

2）从相同编号的墙身中选择一道墙身，按顺序引注的内容为：墙身编号（应包括注写在括号内墙身所配置的水平与竖向分布钢筋的排数）、墙厚尺寸、水平分布钢筋、竖向分布钢筋和拉筋的具体数值。

3）从相同编号的墙梁中选择一根墙梁，按顺序引注的内容为：

① 注写墙梁编号、墙梁截面尺寸 $b×h$、墙梁箍筋、上部纵筋、下部纵筋和墙梁顶面标高高差的具体数值。其中，墙梁顶面标高高差的注写规定同 3.1.3 列表注写方式第 3 条第（3）款。

② 当连梁设有对角暗撑时［代号为 LL（JC）××］，注写规定同 3.1.3 列表注写方式第 3 条第（5）款。

【例】 LL（JC）1 5 层：500×1800 Φ10@100（4） 4Φ25；4Φ25 N18Φ14 JC300×300 6Φ22（×2）Φ10@200（3），表示 1 号设对角暗撑连梁，所在楼层为 5 层；连梁宽500mm，高1800mm；箍筋为Φ10@100（4）；上部纵筋4Φ25，下部纵筋4Φ25；连梁两侧配置纵筋18Φ14；梁顶标高相对于 5 层楼面标高无高差；连梁设有两根相交叉的暗撑，暗撑截面（箍筋外皮尺寸）宽300mm，高 300mm；每根暗撑纵筋为 6Φ22，上下排各 3 根；箍筋为Φ10@200（3）。

③ 当连梁设有交叉斜筋时［代号为 LL（JX）××］，注写规定同 3.1.3 列表中注写方式。

【例】 LL（JX）2 6 层：300×800 Φ10@100（4） 4Φ18；4Φ18 N6Φ14（＋0.100）JX2Φ22（×2） 3Φ10（×4），表示 2 号设交叉斜筋连梁，所在楼层为 6 层；连梁宽300mm，高800mm；箍筋为Φ10@100（4）；上部纵筋 4Φ18，下部纵筋 4Φ18；连梁两侧纵筋 6Φ14；梁顶高于 6 层楼面标高 0.100m，连梁对称设置交叉斜筋，设侧配筋 2Φ22；交叉斜筋在连梁端部设置拉筋 3Φ10，四个角都设置。

④ 当连梁设有集中对角斜筋时［代号为 LL（DX）××］，注写规定同 3.1.3 列表中注写方式款。

【例】 LL（DX）3 6层：400×1000 Φ10@100（4）4Φ20；4Φ20 N8Φ14 DX8Φ20（×2），表示 3 号设对角斜筋连梁，所在楼层为 6 层；连梁宽 400mm，高 1000mm；箍筋为Φ10@100（4）；上部纵筋 4Φ20，下部纵筋 4Φ20；连梁两侧配置纵筋 8Φ14；连两对称设置对角斜筋，每侧斜筋配筋 8Φ20，上下排各 4Φ20。

⑤ 跨高比不小于 5 的连梁，按框架梁设计时（代号为 LLk××），注写规则同 3.1.3 列表中注写方式。

当墙身水平分布钢筋不能满足连梁的侧面纵向构造钢筋的要求时，应补充注明梁侧面纵筋的具体数值；注写时，以大写字母"N"打头，接续注写梁二面纵筋的总根数与直径。骑在制作内的锚固要求同连梁中受力钢筋。

（3）采用截面注写方式表达的剪力墙平法施工图示例见图 3-1-8。

图 3-1-8 剪力墙平法施工图截面注写方式示例

3.1.5 剪力墙洞口的表示方法

（1）无论采用列表注写方式还是截面注写方式，剪力墙上的洞口均可在剪力墙平面布置图上原位表达。

（2）洞口的具体表示方法：

1）在剪力墙平面布置图上绘制洞口示意，并标注洞口中心的平面定位尺寸。

2）在洞口中心位置引注以下内容：

① 洞口编号：矩形洞口为 JD×× （××为序号），

圆形洞口为 YD×× （××为序号）；

② 洞口几何尺寸：矩形洞口为洞宽×洞高（$b×h$），

圆形洞口为洞口直径 D；

③ 洞口所在层洞口中心相对标高，相对标高是相对于结构层楼（地）面标高的洞口中心高度，应为正值。

④ 洞口每边补强钢筋，分以下几种不同情况：

a. 当矩形洞口的洞宽、洞高均不大于 800mm 时，此项注写为洞口每边补强钢筋的具体数值。当洞宽、洞高方向补强钢筋不一致时，分别注写洞宽方向、洞高方向补强钢筋，以"/"分隔。

【例】 JD2 400×300 2~5 层：＋1.000 3Φ14，表示 2~5 层设置 2 号矩形洞口，洞宽 400mm、洞高 800mm，洞口中心距 6 层楼面 2500mm 洞口每边补强钢筋为 3Φ14。

【例】 JD4 800×300 6 层：＋2.500 3Φ18/3Φ14，表示 6 层设置 4 号矩形洞口，洞宽 800mm、洞高 300mm，洞口中心距 6 层楼面为 2500mm 沿洞宽方向为边补强钢筋为 3Φ18，沿洞高方向每边补强钢筋为 3Φ14。

b. 当矩形或圆形洞口的洞宽或直径大于 800mm 时，在洞口的上、下需设置补强暗梁，此项注写为洞口上、下每边暗梁的纵筋与箍筋的具体数值（在标准构造详图中，补强暗梁梁高一律定为 400mm，施工时按标准构造详图取值，设计不注。当设计者采用与该构造详图不同的做法时，应另行注明），圆形洞口时尚需注明环向加强钢筋的具体数值；当洞口上、下边为剪力墙连梁时，此项免注；洞口竖向两侧设置边缘构件时，也不在此项表达（当洞口两侧不设置边缘构件时，设计者应给出具体做法）。

【例】 JD5 1000×900 3 层：＋1.400 6Φ20 Φ8@150 （2），表示 3 层设置 5 号矩形洞口，洞宽 1000mm、洞高 900mm，洞口中心距 3 层楼面 1400mm；洞口上下设补强暗梁；暗梁纵筋为 6Φ20，上、下排对称布置；箍筋为Φ8@150，双肢箍。

【例】 YD5 1000 2~6 层：＋1.800 6Φ20 Φ8@150 （2） 2Φ16，表示 2~6 层设置 5 号圆形洞口，直径 1000mm，洞口中心距结构层面楼 1800mm；洞口上下设补强暗梁；暗梁纵筋为 6Φ20，上、下排对称布置；箍筋为Φ8@150，双肢箍；环向加强钢筋 2Φ16。

c. 当圆形洞口设置在连梁中部 1/3 范围（且圆洞直径不应大于 1/3 梁高）时，需注写在圆洞上下水平设置的每边补强纵筋与箍筋。

d. 当圆形洞口设置在墙身或暗梁、边框梁位置，而且洞直径不大于 300mm 时，此项注写为洞口上下左右每边布置的补强纵筋的具体数值。

e. 当圆形洞口直径大于 300mm，但是不大于 800mm 时，此项注写为洞口上下左右每边布置的补强纵筋的具体数值，以及环向加强钢筋的具体数值。

【例】 YD5 600 5 层：＋1.800 2Φ20 2Φ16，表示 5 层设置 5 号圆形洞口，直径 600mm，洞口中间距 5 层楼面 1800mm、洞口上下左右每边补强钢筋为 2Φ20，环向加强钢筋 2Φ16。

3.1.6 地下室外墙的表示方法

（1）地下室外墙仅适用于起挡土作用的地下室外围护墙。地下室外墙中墙柱、连梁及洞口等的表示方法同地上剪力墙。

（2）地下室外墙编号，由墙身代号、序号组成。表达如下：

$$DWQ\times\times$$

（3）地下室外墙平面注写方式，包括集中标注墙体编号、厚度、贯通筋、拉筋等和原位标注附加非贯通筋等两部分内容。当仅设置贯通筋，未设置附加非贯通筋时，则仅做集中标注。

（4）地下室外墙的集中标注，规定如下：

1）注写地下室外墙编号，包括代号、序号、墙身长度（注为$\times\times$~$\times\times$轴）。

2）注写地下室外墙厚度$b_w=\times\times\times$。

3）注写地下室外墙的外侧、内侧贯通筋和拉筋。

① 以 OS 代表外墙外侧贯通筋。其中，外侧水平贯通筋以 H 打头注写，外侧竖向贯通筋以 V 打头注写。

② 以 IS 代表外墙内侧贯通筋。其中，内侧水平贯通筋以 H 打头注写，内侧竖向贯通筋以 V 打头注写。

③ 以 tb 打头注写拉筋直径、强度等级及间距，并注明"矩形"或"梅花"。

【例】 DWQ2（①~⑥），bw=300

OS：HΦ18@200，VΦ20@200

IS：HΦ16@200，VΦ18@200

tb Φ6@400@400 矩形

表示 2 号地下室外墙，长度范围为①~⑥轴之间，墙厚为 300mm；外侧水平贯通钢筋为Φ18@200，竖向贯通钢筋为Φ20@200；内侧水平贯通钢筋为Φ16@200，竖向贯通钢筋为Φ18@200；拉结筋为Φ6，矩形布置，水平间距为 400mm，竖向间距为 400mm。

（5）地下室外墙的原位标注，主要表示在外墙外侧配置的水平非贯通筋或竖向非贯通筋。

当配置水平非贯通筋时，在地下室墙体平面图上原位标注。在地下室外墙外侧绘制粗实线段代表水平非贯通筋，在其上注写钢筋编号并以 H 打头注写钢筋强度等级、直径、分布间距，以及自支座中线向两边跨内的伸出长度值。当自支座中线向两侧对称伸出时，可仅在单侧标注跨内伸出长度，另一侧不注，此种情况下非贯通筋总长度为标注长度的 2 倍。边支座处非贯通钢筋的伸出长度值从支座外边缘算起。

地下室外墙外侧非贯通筋通常采用"隔一布一"方式与集中标注的贯通筋间隔布置，其标注间距应与贯通筋相同，两者组合后的实际分布间距为各自标注间距的 1/2。

当在地下室外墙外侧底部、顶部、中层楼板位置配置竖向非贯通筋时，应补充绘制地下室外墙竖向剖面图并在其上原位标注。表示方法为在地下室外墙竖向剖面图外侧绘制粗实线段代表竖向非贯通筋，在其上注写钢筋编号并以 V 打头注写钢筋种类、直径、分布间距，以及向上（下）层的伸出长度值，并在外墙竖向剖面图名下注明分布范围（$\times\times$~$\times\times$轴）。

注：竖向非贯通筋向层内的伸出长度值注写方式：

1. 地下室外墙底部非贯通钢筋向层内的伸出长度值从基础底板顶面算起。

2. 地下室外墙顶部非贯通钢筋向层内的伸出长度值从顶板底面算起。

3. 中层楼板处非贯通钢筋向层内的伸出长度值从板中间算起，当上下两侧伸出长度值相同时可仅注写一侧。

地下室外墙外侧水平、竖向非贯通筋配置相同者，可仅选择一处注写，其他可仅注写编号。

当在地下室外墙顶部设置水平通长加强钢筋时应注明。

设计时应注意：

Ⅰ. 设计者应根据具体情况判定扶壁柱或与其相垂直的翼墙是否作为墙身水平方向的支座，以选择合理的配筋方式。

Ⅱ. 22G101-1图集提供了"顶板作为外墙的简支支承""顶板与外墙连续传力"两种做法，设计者应在施工图中制定选用何种做法。

Ⅲ. 22G101-1图集"地下室外墙DWQ钢筋构造"所提供的标准构造详图适用于地下室外迁不设置边缘构件和暗柱的情况，墙体水平钢筋设置在竖向钢筋内侧。当具体工程在地下室外墙设置边缘构件或暗柱时，墙体水平钢筋可设置在外侧，此时设计应明确，并给出相应做法。

（6）采用平面注写方式表达的地下室剪力墙平法施工图示例如图 3-1-9 所示。

图 3-1-9　地下室外墙平法施工图平面注写示例

3.1.7 其他

（1）在剪力墙平法施工图中应注明底部加强部位高度范围，以便使施工人员明确在该范围内应按照加强部位的构造要求进行施工。

（2）当剪力墙中有偏心受拉墙肢时，无论采用何种直径的竖向钢筋，均应采用机械连接或焊接接长，设计者应在剪力墙平法施工图中加以注明。

（3）抗震等级为一级的剪力墙，水平施工缝处需设置附加竖向插筋时，设计应在剪力墙平法施工图上注明构件位置，并注写附加竖向插筋规格、数量及间距。竖向插筋沿墙身均匀布置。

3.2 剪力墙标准构造详图

3.2.1 剪力墙竖向分布钢筋在基础中构造

剪力墙竖向分布钢筋在基础中构造见表 3-2-1。

剪力墙竖向分布钢筋在基础中构造　　　　　　　　　　　　表 3-2-1

名称		构造图	构造说明
墙身竖向分布钢筋在基础中构造	保护层厚度 >5d		字母释义： h_j——基础底面至基础顶面的高度，墙下有基础梁时，h_j 为梁底面至顶面的高度； d——墙身竖向分布钢筋直径； l_{abE}——受拉钢筋的抗震基本锚固长度； l_{aE}——受拉钢筋抗震锚固长度； l_{lE}——受拉钢筋抗震绑扎搭接长度。 构造图解析： （1）锚固区横向钢筋应满足直径≥$d/4$（d 为纵筋最大直径），间距≤$10d$（d 为纵筋最小直径）且≤100mm 的要求。 （2）当墙身竖向分布钢筋在基础中保护层厚度不一致情况下（如分布筋部分位于梁中，部分位于板内），保护层厚度不大于 $5d$ 的部位应设置锚固区横向钢筋。 （3）当选用"墙身竖向分布钢筋在基础中构造"中的搭接连接时，设计人员应在图纸中注明。 （4）1—1 剖面，当施工采取有效措施保证钢筋定位时，墙身竖向分布钢筋伸入基础长度满足直锚即可

续表

名称	构造图	构造说明
墙身竖向分布钢筋在基础中构造 · 保护层厚度≤5d		字母释义: h_j——基础底面至基础顶面的高度,墙下有基础梁时,h_j为梁底面至顶面的高度; d——墙身竖向分布钢筋直径; l_{abE}——受拉钢筋的抗震基本锚固长度; l_{aE}——受拉钢筋抗震锚固长度; l_{lE}——受拉钢筋抗震绑扎搭接长度。 构造图解析: (1)锚固区横向钢筋应满足直径≥$d/4$(d为纵筋最大直径),间距≤10d(d为纵筋最小直径)且≤100mm的要求。 (2)当墙身竖向分布钢筋在基础中保护层厚度不一致情况下(如分布筋部分位于梁中,部分位于板内),保护层厚度不大于5d的部位应设置锚固区横向钢筋。 (3)当选用"墙身竖向分布钢筋在基础中构造"中的搭接连接时,设计人员应在图纸中注明。 (4)1—1剖面,当施工采取有效措施保证钢筋定位时,墙身竖向分布钢筋伸入基础长度满足直锚即可
搭接连接		
1—1 · 基础高度满足直锚		
1a—1a · 基础高度不满足直锚		

续表

名称	构造图	构造说明
2—2 基础高度 满足直锚		
2a—2a 基础高度 不满足直锚		字母释义: h_j——基础底面至基础顶面的高度,墙下有基础梁时,h_j 为梁底面至顶面的高度; d——墙身竖向分布钢筋直径; l_{abE}——受拉钢筋的抗震基本锚固长度; l_{aE}——受拉钢筋抗震锚固长度; l_{lE}——受拉钢筋抗震绑扎搭接长度。 构造图解析: (1)锚固区横向钢筋应满足直径≥$d/4$(d 为纵筋最大直径),间距≤$10d$(d 为纵筋最小直径)且≤100mm 的要求。 (2)当墙身竖向分布钢筋在基础中保护层厚度不一致情况下(如分布筋部分位于梁中,部分位于板内),保护层厚度不大于 $5d$ 的部位应设置锚固区横向钢筋。 (3)当选用"墙身竖向分布钢筋在基础中构造"中的搭接连接时,设计人员应在图纸中注明。 (4)1—1 剖面,当施工采取有效措施保证钢筋定位时,墙身竖向分布钢筋伸入基础长度满足直锚即可
①		

3.2.2 剪力墙柱钢筋构造

1. 剪力墙柱柱身钢筋构造

(1)约束边缘构件 YBZ 构造

约束边缘构件 YBZ 构造见表 3-2-2。

约束边缘构件 **YBZ** 构造 表 3-2-2

名称		构造图	构造说明
约束边缘暗柱	非阴影区设置拉筋	纵筋、箍筋 详见设计标注 拉筋详见设计标注 b_w $b_w, l_c/2$ 且≥400 l_c	
	非阴影区外圈设置封闭箍筋	纵筋、箍筋 详见设计标注 非阴影区封闭箍筋 及拉筋详见设计标注 b_w $b_w, l_c/2$ 且≥400 l_c	字母释义: b_w——剪力墙垂直方向的厚度; l_c——剪力墙约束边缘构件沿墙肢的长度; h_c——柱截面长边尺寸(圆柱为直径); b_c——剪力墙约束边缘端柱垂直方向的长度; b_f——剪力墙水平方向的厚度。
约束边缘端柱	非阴影区设置拉筋	纵筋、箍筋 详见设计标注 拉筋详见设计标注 $h_c≥2b_w$ b_w $b_c≥2b_w$ 300 l_c	构造图解析: (1)图上所示的拉筋、箍筋由设计人员标注。 (2)几何尺寸 l_c 见具体工程设计,非阴影区箍筋、拉筋竖向间距同阴影区。 (3)当约束边缘构件内箍筋、拉筋位置(标高)与墙体水平分布筋相同时可采用详图(一)或(二),不同时应采用详图(二)
	非阴影区外圈设置封闭箍筋	纵筋、箍筋 详见设计标注 非阴影区封闭箍筋及拉筋详见设计标注 $h_c≥2b_w$ b_w $b_c≥2b_w$ 300 l_c	

名称		构造图	构造说明
约束边缘翼墙	非阴影区设置拉筋		字母释义: b_w——剪力墙垂直方向的厚度; l_c——剪力墙约束边缘构件沿墙肢的长度; h_c——柱截面长边尺寸(圆柱为直径); b_c——剪力墙约束边缘端柱垂直方向的长度; b_f——剪力墙水平方向的厚度。 构造图解析: (1)图上所示的拉筋、箍筋由设计人员标注。 (2)几何尺寸 l_c 见具体工程设计,非阴影区箍筋、拉筋竖向间距同阴影区。 (3)当约束边缘构件内箍筋、拉筋位置(标高)与墙体水平分布筋相同时可采用详图(一)或(二),不同时应采用详图(二)
	非阴影区外圈设置封闭箍筋		
约束边缘转角墙	非阴影区设置拉筋		

续表

名称		构造图	构造说明
约束边缘转角墙	非阴影区外圈设置封闭箍筋		字母释义： b_w——剪力墙垂直方向的厚度； l_c——剪力墙约束边缘构件沿墙肢的长度； h_c——柱截面长边尺寸（圆柱为直径）； b_c——剪力墙约束边缘端柱垂直方向的长度； b_f——剪力墙水平方向的厚度。 构造图解析： （1）图上所示的拉筋、箍筋由设计人员标注。 （2）几何尺寸 l_c 见具体工程设计，非阴影区箍筋、拉筋竖向间距同阴影区。 （3）当约束边缘构件内箍筋、拉筋位置（标高）与墙体水平分布筋相同时可采用详图（一）或（二），不同时应采用详图（二）

（2）剪力墙水平钢筋计入约束边缘构件体积配筋率的构造做法

剪力墙水平钢筋计入约束边缘构件体积配筋率的构造做法见表 3-2-3。

剪力墙水平钢筋计入约束边缘构件体积配筋率的构造做法　　表 3-2-3

名称		构造图	构造说明
约束边缘暗柱	（一）		字母释义： b_w——剪力墙垂直方向的厚度； l_c——剪力墙约束边缘构件沿墙肢的长度； b_f——剪力墙水平方向的厚度。 构造图解析： （1）计入的墙水平分布钢筋的体积配箍率不应大于总体积配箍率的30%。 （2）约束边缘端柱水平分布钢筋的构造做法参照约束边缘暗柱。 （3）详图（一）中墙体水平分布筋宜在 l_c 范围外错开搭接。 （4）本表构造做法应由设计者指定后使用
	（二）		

名称	构造图	构造说明
约束边缘转角墙		字母释义： b_w——剪力墙垂直方向的厚度； l_c——剪力墙约束边缘构件沿墙肢的长度； b_f——剪力墙水平方向的厚度。 构造图解析： （1）计入的墙水平分布钢筋的体积配箍率不应大于总体积配箍率的30%。 （2）约束边缘端柱水平分布钢筋的构造做法参照约束边缘暗柱。 （3）详图（一）中墙体水平分布筋宜在 l_c 范围外错开搭接。 （4）本表构造做法应由设计者指定后使用
约束边缘翼墙（一）		

续表

名称		构造图	构造说明
约束边缘翼墙	(二)		字母释义： b_w——剪力墙垂直方向的厚度； l_c——剪力墙约束边缘构件沿墙肢的长度； b_f——剪力墙水平方向的厚度。 构造图解析： (1)计入的墙水平分布钢筋的体积配箍率不应大于总体积配箍率的30%。 (2)约束边缘端柱水平分布钢筋的构造做法参照约束边缘暗柱。 (3)详图(一)中墙体水平分布筋宜在 l_c 范围外错开搭接。 (4)本表构造做法应由设计者指定后使用

（3）构造边缘构件 GBZ、扶壁柱 FBZ、非边缘暗柱 AZ 构造

构造边缘构件 GBZ、扶壁柱 FBZ、非边缘暗柱 AZ 构造见表 3-2-4。

构造边缘构件 GBZ、扶壁柱 FBZ、非边缘暗柱 AZ 构造　　　　　表 3-2-4

名称	构造图	构造说明
构造边缘暗柱	纵筋、箍筋及拉筋详见设计标注　　b_w　　$\geq b_w$且≥ 400　（一） 纵筋、箍筋及拉筋详见设计标注　墙体水平分布钢筋　b_w　$\geq b_w$且≥ 400　拉结筋　（二） 纵筋、箍筋及拉筋详见设计标注　墙体水平分布钢筋端部90°弯折后勾住对边竖向钢筋　b_w　$\geq b_w$且≥ 400　拉结筋　（三）	字母释义： b_w——剪力墙垂直方向的厚度； b_c——柱截面短边尺寸； h_c——柱截面长边尺寸（圆柱为直径）； b_f——剪力墙水平方向的厚度； h——暗柱截面长边尺寸。 构造图解析： （1）构造边缘构件（二）、（三）用于非底部加强部位，当构造边缘构件内箍筋、拉筋位置（标高）与墙体水平分布筋相同时采用，此构造做法应由设计者指定后使用。 （2）构造边缘暗柱（二）、构造边缘翼墙（二）中墙体水平分布筋宜在构造边缘构件范围外错开搭接。 （3）约束边缘暗柱与构造边缘暗柱的共同点与不同点 它们的共同点是在暗柱的端部或者角部都有一个阴影部分（即配箍区域）。 它们的不同点体现在：与构造边缘暗柱不同的是，约束边缘暗柱还有一个"非阴影区"，这部分与旧版不同，分为两个图，分别为非阴影区设置拉筋，非阴影区外圈设置封闭箍筋，使用时注意区分。 （4）约束边缘端柱与构造边缘端柱的共同点与不同点 它们的共同点是在矩形柱的范围内布置纵筋和箍筋。其纵筋和箍筋布置与框架柱类似，尤其是在框剪结构中端柱往往会兼当框架柱的作用。 它们的不同点体现在以下两个方面： 1）约束边缘端柱的阴影部分（即配箍区域），不但包括矩形柱的部分，而且伸出一段翼缘，这段伸出翼缘的净长度为300mm。但是，不能由此断定约束边缘端柱的伸出翼缘就一定是300mm。只能说，当设计上没有定义约束边缘端柱的翼缘长度时，我们把端柱翼缘净长度定义为300mm；而当设计上有明确的端柱翼缘长度标注时，就按设计要求来处理。 2）与构造边缘端柱不同的是，约束边缘端柱还有一个"非阴影区"，这部分与旧版不同，分为两个图，分别为非阴影区设置拉筋，非阴影区外圈设置封闭箍筋，使用时注意区分
构造边缘端柱	纵筋、箍筋详见设计标注　h_c　b_c	
构造边缘翼墙	纵筋、箍筋及拉筋详见设计标注　b_w　b_f（≥ 300）　$\geq b_w$；b_f且≥ 400　（一） （括号内数字用于高层建筑）	

名称	构造图	构造说明
构造边缘翼墙		字母释义： b_w——剪力墙垂直方向的厚度； b_c——柱截面短边尺寸； h_c——柱截面长边尺寸(圆柱为直径)； b_f——剪力墙水平方向的厚度； h——暗柱截面长边尺寸。 构造图解析： (1)构造边缘构件(二)、(三)用于非底部加强部位，当构造边缘构件内箍筋、拉筋位置(标高)与墙体水平分布筋相同时采用，此构造做法应由设计者指定后使用。 (2)构造边缘暗柱(二)、构造边缘翼墙(二)中墙体水平分布筋宜在构造边缘构件范围外错开搭接。 (3)约束边缘暗柱与构造边缘暗柱的共同点与不同点 它们的共同点是在暗柱的端部或者角部都有一个阴影部分(即配箍区域)。 它们的不同点体现在：与构造边缘暗柱不同的是，约束边缘暗柱还有一个"非阴影区"，这部分与旧版不同，分为两个图，分别为非阴影区设置拉筋，非阴影区外圈设置封闭箍筋，使用时注意区分。 (4)约束边缘端柱与构造边缘端柱的共同点与不同点 它们的共同点是在矩形柱的范围内布置纵筋和箍筋。其纵筋和箍筋布置与框架柱类似，尤其是在框剪结构中端柱往往会兼当框架柱的作用。 它们的不同点体现在以下两个方面： 1)约束边缘端柱的阴影部分(即配箍区域)，不但包括矩形柱的部分，而且伸出一段翼缘，这段伸出翼缘的净长度为300mm。但是，不能由此断定约束边缘端柱的伸出翼缘就一定是300mm。只能说，当设计上没有定义约束边缘端柱的翼缘长度时，我们把端柱翼缘净长度定义为300mm；而当设计上有明确的端柱翼缘长度标注时，就按设计要求来处理。 2)与构造边缘端柱不同的是，约束边缘端柱还有一个"非阴影区"，这部分与旧版不同，分为两个图，分别为非阴影区设置拉筋，非阴影区外圈设置封闭箍筋，使用时注意区分

名称	构造图	构造说明
构造边缘 转角墙		字母释义： 　　b_w——剪力墙垂直方向的厚度； 　　b_c——柱截面短边尺寸； 　　h_c——柱截面长边尺寸（圆柱为直径）； 　　b_f——剪力墙水平方向的厚度； 　　h——暗柱截面长边尺寸。 构造图解析： 　　（1）构造边缘构件（二）、（三）用于非底部加强部位，当构造边缘构件内箍筋、拉筋位置（标高）与墙体水平分布筋相同时采用，此构造做法应由设计者指定后使用。 　　（2）构造边缘暗柱（二）、构造边缘翼墙（二）中墙体水平分布筋宜在构造边缘构件范围外错开搭接。 　　（3）约束边缘暗柱与构造边缘暗柱的共同点与不同点 　　它们的共同点是在暗柱的端部或者角部都有一个阴影部分（即配箍区域）。 　　它们的不同点体现在：与构造边缘暗柱不同的是，约束边缘暗柱还有一个"非阴影区"，这部分与旧版不同，分为两个图，分别为非阴影区设置拉筋，非阴影区外圈设置封闭箍筋，使用时注意区分。 　　（4）约束边缘端柱与构造边缘端柱的共同点与不同点 　　它们的共同点是在矩形柱的范围内布置纵筋和箍筋。其纵筋和箍筋布置与框架柱类似，尤其是在框剪结构中端柱往往会兼当框架柱的作用。 　　它们的不同点体现在以下两个方面： 　　1）约束边缘端柱的阴影部分（即配箍区域），不但包括矩形柱的部分，而且伸出一段翼缘，这段伸出翼缘的净长度为300mm。但是，不能由此断定约束边缘端柱的伸出翼缘就一定是300mm。只能说，当设计上没有定义约束边缘端柱的翼缘长度时，我们把端柱翼缘净长度定义为300mm；而当设计上有明确的端柱翼缘长度标注时，就按设计要求来处理。 　　2）与构造边缘端柱不同的是，约束边缘端柱还有一个"非阴影区"，这部分与旧版不同，分为两个图，分别为非阴影区设置拉筋，非阴影区外圈设置封闭箍筋，使用时注意区分
扶壁柱 FBZ		
非边缘 暗柱 AZ		

（4）剪力墙边缘构件纵向钢筋连接构造

剪力墙边缘构件纵向钢筋连接构造见表 3-2-5。

剪力墙边缘构件纵向钢筋连接构造 表 3-2-5

名称	构造图	构造说明
绑扎搭接	绑扎搭接	
机械连接	机械连接	字母释义： 　$l_{lE}(l_l)$——受拉钢筋绑扎搭接长度； 　　　d——纵向钢筋直径。 构造图解析： 　(1)适用于约束边缘构件阴影部分和构造边缘构件的纵向钢筋。 　(2)实际施工中,尽量采用机械连接和焊接连接,这样可以不进行连接点的箍筋加密。当遇到较小直径的钢筋必须采用绑扎搭接连接,就会出现绑扎搭接区范围内的箍筋加密间距较小的现象,这样做相对而言还是比较合理的
焊接	焊接	

图 3-2-1　剪力墙上起
边缘构件纵筋构造

l_{aE}—受拉钢筋抗震锚固长度

（5）剪力墙上起边缘构件纵筋构造

剪力墙上起边缘构件纵筋构造如图 3-2-1。

2. 剪力墙柱节点钢筋构造

（1）墙柱变截面钢筋构造

当剪力墙柱子楼层上下截面变化，端柱变截面处的钢筋构造与框架柱相同。除端柱外，其他剪力墙柱变截面构造要求，如图 3-2-2 所示。

（2）墙柱柱顶钢筋构造

端柱柱顶钢筋构造同框架柱。除端柱外，墙柱纵筋构造要求如图 3-2-3 所示。

图 3-2-2　剪力墙变截面处竖向分布钢筋构造

l_{aE}—受拉钢筋锚固长度；d—受拉钢筋直径；

Δ—上下柱同向侧面错开的宽度

图 3-2-3　剪力墙竖向钢筋顶部构造

l_{aE}—受拉钢筋锚固长度；d—受拉钢筋直径

3.2.3　剪力墙身钢筋构造

1. 剪力墙身水平钢筋构造

剪力墙设有端柱、翼墙、转角墙、边缘暗柱、无暗柱封边构造、斜交墙等竖向约束边缘构件时，剪力墙身水平钢筋构造要求的主要内容见表 3-2-6、表 3-2-7。

剪力墙身水平钢筋构造（一） 表 3-2-6

名称	构造图	构造说明
端柱端部墙		字母释义： d——水平钢筋直径； $l_{abE}(l_{ab})$——受拉钢筋的基本锚固长度，抗震设计时锚固长度用 l_{abE} 表示，非抗震设计时锚固长度用 l_{ab} 表示； b_f——剪力墙水平方向的厚度； b_w——剪力墙垂直方向的厚度； $l_{aE}(l_a)$——受拉钢筋的锚固长度，抗震设计时锚固长度用 l_{aE} 表示，非抗震设计时锚固长度用 l_a 表示； b_{w1}——水平变截面墙一端垂直方向的厚度； b_{w2}——水平变截面墙另一端垂直方向的厚度。 构造图解析： （1）当墙体水平钢筋伸入端柱的直锚长度≥$l_{aE}(l_a)$时，可不必上下弯折，但必须伸至端柱对边竖向钢筋内侧位置。其他情况，墙体水平钢筋必须伸入端柱对边竖向钢筋内侧位置，然后弯折。 （2）剪力墙水平钢筋在翼墙柱中的构造分析 端墙两侧的水平分布筋伸至翼墙对边，顶着暗柱外侧纵筋的内侧后弯钩15d。 如果剪力墙设置了三排、四排钢筋，则墙中间的各排水平分布筋同上述构造
端柱翼墙		

名称	构造图	构造说明
端柱转角墙	 端柱转角墙(一) 端柱转角墙(二) 端柱转角墙(三)	字母释义： d——水平钢筋直径； $l_{abE}(l_{ab})$——受拉钢筋的基本锚固长度，抗震设计时锚固长度用 l_{abE} 表示，非抗震设计时锚固长度用 l_{ab} 表示； b_f——剪力墙水平方向的厚度； b_w——剪力墙垂直方向的厚度； $l_{aE}(l_a)$——受拉钢筋的锚固长度，抗震设计时锚固长度用 l_{aE} 表示，非抗震设计时锚固长度用 l_a 表示； b_{w1}——水平变截面墙一端垂直方向的厚度； b_{w2}——水平变截面墙另一端垂直方向的厚度。 构造图解析： (1)当墙体水平钢筋伸入端柱的直锚长度≥$l_{aE}(l_a)$ 时，可不必上下弯折，但必须伸至端柱对边竖向钢筋内侧位置。其他情况，墙体水平钢筋必须伸入端柱对边竖向钢筋内侧位置，然后弯折。 (2)剪力墙水平钢筋在翼墙柱中的构造分析 端墙两侧的水平分布筋伸至翼墙对边，顶着暗柱外侧纵筋的内侧后弯钩15d。 如果剪力墙设置了三排、四排钢筋，则墙中间的各排水平分布筋同上述构造

名称	构造图	构造说明
翼墙	 翼墙(一) 翼墙(二) $(b_{w1}>b_{w2})$ 翼墙(三) $(b_{w1}>b_{w2})$	字母释义: 　　d——水平钢筋直径; 　$l_{abE}(l_{ab})$——受拉钢筋的基本锚固长度,抗震设计时锚固长度用 l_{abE} 表示,非抗震设计时锚固长度用 l_{ab} 表示; 　　b_f——剪力墙水平方向的厚度; 　　b_w——剪力墙垂直方向的厚度; 　$l_{aE}(l_a)$——受拉钢筋的锚固长度,抗震设计时锚固长度用 l_{aE} 表示,非抗震设计时锚固长度用 l_a 表示; 　　b_{w1}——水平变截面墙一端垂直方向的厚度; 　　b_{w2}——水平变截面墙另一端垂直方向的厚度。 构造图解析: 　(1)当墙体水平钢筋伸入端柱的直锚长度≥$l_{aE}(l_a)$时,可不必上下弯折,但必须伸至端柱对边竖向钢筋内侧位置。其他情况,墙体水平钢筋必须伸入端柱对边竖向钢筋内侧位置,然后弯折。 　(2)剪力墙水平钢筋在翼墙柱中的构造分析 　端墙两侧的水平分布筋伸至翼墙对边,顶着暗柱外侧纵筋的内侧后弯钩15d。 　如果剪力墙设置了三排、四排钢筋,则墙中间的各排水平分布筋同上述构造
斜交翼墙		

剪力墙身水平钢筋构造（二）　　　　　　　　　　　　　表 3-2-7

名称	构造图	构造说明
端部有暗柱时剪力墙水平分布钢筋端部做法		字母释义： d——水平钢筋直径； $l_{aE}(l_a)$——受拉钢筋的锚固长度，抗震设计时锚固长度用 l_{aE} 表示，非抗震设计时锚固长度用 l_a 表示； b_w——剪力墙垂直方向的厚度。 构造图解析： （1）本表中图所示拉筋应与剪力墙每排的竖向分布筋和水平分布筋绑扎。 （2）剪力墙钢筋配置若多于两排，中间排水平分布钢筋端部构造同内侧钢筋。水平分布筋宜均匀放置，竖向分布钢筋在保持相同配筋率条件下外排筋直径宜大于内排钢筋。 （3）剪力墙水平分布钢筋计入约束构件体积配箍率的构造做法见表 3-2-3。 （4）端部有暗柱时剪力墙水平钢筋端部做法分析 　剪力墙的水平分布筋从暗柱纵筋的外侧插入暗柱，伸到暗柱端部纵筋的内侧，然后弯 $10d$ 的直钩。"剪力墙的水平分布筋从暗柱纵筋的外侧插入暗柱"是说剪力墙水平分布筋的位置在墙身的外侧，伸入暗柱之后也不例外，这样就形成剪力墙水平分布筋在暗柱的外侧与暗柱的箍筋平行，而且与暗柱箍筋处于同一垂直层面，即在暗柱箍筋之间插空通过暗柱。 （5）剪力墙水平钢筋在转角墙柱中的构造分析 　剪力墙的外侧水平分布筋从暗柱纵筋的外侧通过暗柱，绕出暗柱的另一侧以后同另一侧的水平分布筋搭接≥$1.2l_{aE}(l_a)$，上下相邻两排水平分布筋交错搭接，错开距离≥500mm。 　关于剪力墙水平分布筋在转角墙柱的连接，有以下两种情况需要注意： 　1）剪力墙转角墙柱两侧水平分布筋直径不同时，要转到直径较小一侧搭接，以保证直径较大一侧的水平抗剪能力不减弱。
端部有 L 形暗柱时剪力墙水平分布钢筋端部做法		2）当剪力墙转角墙柱的另外一侧不是墙身而是连接梁的时候，墙身的外侧水平分布筋不能拐到连梁外侧进行搭接，而应该把连梁的外侧水平分布筋拐过转角墙柱，与墙身的水平分布筋进行搭接。 　剪力墙的内侧水平分布筋伸至转角墙柱对边纵筋内侧后弯钩 $15d$。 　如果剪力墙设置了三排、四排钢筋，则墙中间的各排水平分布筋同上述构造。
转角墙（一）		（6）剪力墙水平钢筋交错搭接构造分析 　剪力墙水平钢筋的搭接长度≥$1.2l_{aE}(l_a)$，沿高度每隔一根错开搭接，相邻两个搭接区之间错开的净距离≥500mm。 （7）剪力墙多排配筋的构造分析 　1）剪力墙布置两排配筋、三排配筋和四排配筋的条件为：当墙厚度≤400mm 时，设置两排钢筋网；当 400mm<墙厚度≤700mm 时，设置三排钢筋网；当墙厚度＞700mm 时，设置四排钢筋网。
转角墙（二）		2）剪力墙身的各排钢筋网设置水平分布筋和垂直分布筋。布置钢筋时，把水平分布筋放在外侧，垂直分布筋放在水平分布筋的内侧。因此，剪力墙的保护层是针对水平分布筋来说的。 　3）拉筋要求拉住两个方向上的钢筋，即同时钩住水平分布筋和垂直分布筋。由于剪力墙身的水平分布筋放在最外面，所以拉筋连接外侧钢筋网和内侧钢筋网，也就是把拉筋钩在水平分布筋的外侧。 　4）拉筋保护层的问题。混凝土保护层保护一个"面"或一条"线"，但难以做到保护每一个"点"，因此，局部钢筋"点"的保护层厚度不够属正常现象

续表

名称	构造图	构造说明

字母释义：

d——水平钢筋直径；

$l_{aE}(l_a)$——受拉钢筋的锚固长度，抗震设计时锚固长度用 l_{aE} 表示，非抗震设计时锚固长度用 l_a 表示；

b_w——剪力墙垂直方向的厚度。

构造图解析：

(1)本表中图所示拉筋应与剪力墙每排的竖向分布筋和水平分布筋绑扎。

(2)剪力墙钢筋配置若多于两排，中间排水平分布钢筋端部构造同内侧钢筋。水平分布筋宜均匀放置，竖向分布钢筋在保持相同配筋率条件下外排筋直径宜大于内排筋直径。

(3)剪力墙水平分布钢筋计入约束构件体积配箍率的构造做法见表 3-2-3。

(4)端部有暗柱时剪力墙水平钢筋端部做法分析

剪力墙的水平分布钢筋从暗柱纵筋的外侧插入暗柱，伸到暗柱端部纵筋的内侧，然后弯 $10d$ 的直钩。"剪力墙的水平分布筋从暗柱纵筋的外侧插入暗柱"是说剪力墙水平分布筋的位置在墙身的外侧，伸入暗柱之后也不例外，这样就形成剪力墙水平分布筋在暗柱的外侧与暗柱的箍筋平行，而且与暗柱箍筋处于同一垂直层面，即在暗柱箍筋之间插空通过暗柱。

(5)剪力墙水平钢筋在转角墙柱中的构造分析

剪力墙的外侧水平分布筋从暗柱纵筋的外侧通过暗柱，绕出暗柱的另一侧以后同另一侧的水平分布筋搭接≥$1.2l_{aE}(l_a)$，上下相邻两排水平分布筋交错搭接，错开距离≥500mm。

关于剪力墙水平分布筋在转角墙柱的连接，有以下两种情况需要注意：

1)剪力墙转角墙柱两侧水平分布筋直径不同时，要转到直径较小一侧搭接，以保证直径较大一侧的水平抗剪能力不减弱。

2)当剪力墙转角墙柱的另外一侧不是墙身而是连接梁的时候，墙身的外侧水平分布筋不能拐到连梁外侧进行搭接，而应该把连梁的外侧水平分布筋拐过转角墙柱后和墙身的水平分布筋进行搭接。

剪力墙的内侧水平分布筋伸至转角墙对边纵筋内侧后弯钩 $15d$。

如果剪力墙设置了三排、四排钢筋，则墙中间的各排水平分布筋同上述构造。

(6)剪力墙水平钢筋交错搭接构造分析

剪力墙水平钢筋的搭接长度≥$1.2l_{aE}(l_a)$，沿高度每隔一根错开搭接，相邻两个搭接区之间错开的净距离≥500mm。

(7)剪力墙多排配筋的构造分析

1)剪力墙布置两排配筋、三排配筋和四排配筋的条件为：当墙厚度≤400mm 时，设置两排钢筋；当 400mm＜墙厚度≤700mm 时，设置三排钢筋网；当墙厚度＞700mm 时，设置四排钢筋网。

2)剪力墙身的各排钢筋网设置水平分布筋和垂直分布筋。布置钢筋时，把水平分布筋放在外侧，垂直分布筋放在水平分布筋的内侧。因此，剪力墙的保护层是针对水平分布筋来说的。

3)拉筋要求拉住两个方向上的钢筋，即同时钩住水平分布筋和垂直分布筋。由于剪力墙身的水平分布筋放在最外面，所以拉筋连接外侧钢筋网和内侧钢筋网，也就是把拉筋钩在水平分布筋的外侧。

4)拉筋保护层的问题。混凝土保护层保护一个"面"或一条"线"，但难以做到保护每一个"点"，因此，局部钢筋"点"的保护层厚度不够属正常现象

左侧构造图中的文字标注：

转角墙（三）

$0.8l_{aE}$

$15d$

$0.8l_{aE}$

$15d$

墙柱范围

（外侧水平分布钢筋在转角处搭接）

斜交转角墙

墙柱范围

$15d$

$15d$

剪力墙水平分布钢筋交错搭接

≥$1.2l_{aE}$　≥500　≥$1.2l_{aE}$

相邻上、下层水平分布钢筋

剪力墙多排配筋

双排

拉结筋规格、间距详见设计

b_w≤400

三排

拉结筋规格、间距详见设计

$400＜b_w≤700$

四排

拉结筋规格、间距详见设计

$b_w＞700$

2. 剪力墙身竖向分布钢筋构造

剪力墙身竖向分布钢筋连接构造、变截面竖向分布筋构造、墙顶部竖向分布筋构造等内容，其主要内容有：

（1）竖向分布筋连接构造

剪力墙竖向分布钢筋通常采用搭接、机械连接和焊接连接三种连接方式，如图 3-2-4 所示。

图 3-2-4　剪力墙身竖向分布钢筋连接构造

（a）绑扎连接 1；（b）机械连接；（c）焊接连接；（d）绑扎连接 2

l_{aE}—受拉钢筋锚固长度；d—受拉钢筋直径

剪力墙及边缘构件构造如图 3-2-5 所示。

图 3-2-5　剪力墙及边缘构件构造

（a）适用于剪力墙竖向分布钢筋上层钢筋直径大于下层钢筋直径时；（b）适用于约束边缘构件阴影部分和构造边缘构件的纵向钢筋，当上层钢筋直径大于下层钢筋直径时

l_{aE}—受拉钢筋锚固长度；l_{lE}—受拉钢筋绑扎搭接长度

（2）变截面竖向分布筋构造

变截面墙身纵筋构造形式与墙柱相同，如图 3-2-2 所示。

（3）墙顶部竖向分布筋构造

墙身顶部竖向分布钢筋构造与剪力墙柱相同，如图 3-2-3 所示。

3.2.4　剪力墙梁配筋构造

1. 剪力墙连梁配筋构造

（1）连梁配筋构造

剪力墙连梁的钢筋种类包括：纵向

钢筋、箍筋、拉筋、墙身水平钢筋。

剪力墙连梁配筋构造如图 3-2-6 所示。

(a) 小墙垛处洞口连梁(端部墙肢较短)   (b) 单洞口连梁(单跨)   (c) 双洞口连梁(双跨)

图 3-2-6   剪力墙连梁配筋构造

注：1. 当端部洞口连梁的纵向钢筋在端支座的直锚长度≥l_{aE} 且≥600mm 时，可不必往上（下）弯折。
　　2. 洞口范围内的连梁箍筋详见具体工程设计。
　　3. 连梁设有交叉斜筋、对角暗撑及集中对角斜筋的做法，具体见表 3-2-8。
　　4. 连梁连梁、暗梁及边框梁拉筋直径：当梁宽≤350mm 时为 6mm，当梁宽＞350mm 时为 8mm，拉筋间距为 2 倍箍筋间距，竖向沿侧面水平筋隔一拉一。
　　5. 剪力墙的竖向钢筋连续贯穿边框梁和暗梁。
　　6. 连接的侧面纵向钢筋单独设置时，侧面纵向钢筋沿梁高度方向均匀布置。

1) 连梁的纵筋。相对于整个剪力墙（含墙柱、墙身、墙梁）而言，基础是其支座；但是相对于连梁而言，其支座就是墙柱和墙身。所以，连梁的钢筋设置（包括连梁的纵筋和箍筋的设置），具备"有支座"的构件的某些特点，与"梁构件"有些类似。

连梁以暗柱或端柱为支座，连梁主筋锚固起点应当从暗柱或端柱的边缘算起。

2) 剪力墙水平分布筋与连梁的关系。连梁是一种特殊的墙身，它是上下楼层窗洞口之间的那部分水平的窗间墙。所以，剪力墙身水平分布筋从暗梁的外侧通过连梁，如图 3-2-7 所示。

图 3-2-7   剪力墙连梁侧面纵筋和拉筋构造

3）连梁的拉筋。拉筋的直径和间距为：当梁宽≤350mm 时为 6mm，梁宽＞350mm 时为 8mm，拉筋间距为 2 倍箍筋间距，竖向沿侧面水平筋隔一拉一。

（2）连梁特殊配筋构造

连梁特殊配筋构造见表 3-2-8。

连梁特殊配筋构造   表 3-2-8

名称	构造图	构造说明
连梁交叉斜筋配筋构造	连梁交叉斜筋配筋构造	字母释义： l_{aE}——受拉钢筋锚固长度； b——梁宽。 构造图解析： （1）当洞口连梁截面宽度不小于 250mm 时，可采用交叉斜筋配筋；当连梁截面宽度不小于 400mm 时，可采用集中对角斜筋配筋或对角暗撑配筋。 （2）交叉斜筋配筋连梁的对角斜筋在梁端部位应设置拉筋，具体值见设计标注。 （3）集中对角斜筋配筋连梁应在梁截面内沿水平方向及竖直方向设置双向拉筋，拉筋应勾住外侧纵向钢筋，间距不应大于 200mm，直径不应小于 8mm。 （4）对角暗撑配筋连梁中暗撑箍筋的外缘沿梁截面宽度方向不宜小于梁宽的一半，另一方向不宜小于梁宽的 1/5；对角暗撑约束箍筋肢距不应大于 350mm。 （5）交叉斜筋配筋连梁、对角暗撑配筋连梁的水平钢筋及箍筋形成的钢筋网之间应采用拉筋拉结，拉筋直径不宜小于 6mm，间距不宜大于 400mm
连梁集中对角斜筋配筋构造	连梁集中对角斜筋配筋构造	
连梁对角暗撑配筋构造	（用于筒中筒结构时，l_{aE} 均取为 $1.15l_a$） 连梁对角暗撑配筋构造	

2. 剪力墙边框梁配筋构造

剪力墙边框梁的钢筋种类包括：纵向钢筋、箍筋、拉筋、边框梁侧面的水平分布筋。

22G101-1图集关于剪力墙边框梁（BKL）钢筋构造只有在图集84页的一个断面图，所以，我们可以认为边框梁的纵筋沿墙肢方向贯通布置，而边框梁的箍筋也沿墙肢方向全长布置，而且是均匀布置，不存在箍筋加密区和非加密区。

剪力墙边框梁配筋构造如图3-2-8所示。

（1）墙身水平分布筋按其间距在边框梁箍筋的内侧通过。因此，边框梁侧面纵筋的拉筋是同时钩住边框梁的箍筋和水平分布筋。

（2）墙身垂直分布筋穿越边框梁。剪力墙的边框梁不是剪力墙的支座，边框梁本身也是剪力墙的加强带。所以，当剪力墙顶部设置有边框梁时，剪力墙竖向钢筋不能锚入边框梁；若当前层是中间楼层，则剪力墙竖向钢筋穿越边框梁直伸入上一层；若当前层是顶层，则剪力墙竖向钢筋应该穿越边框梁锚入现浇板内。

剪力墙的竖向钢筋连续穿越边框梁和暗梁

图 3-2-8 剪力墙边框梁配筋构造

（3）边框梁的拉筋。拉筋的直径和间距同剪力墙连梁。

（4）边框梁的纵筋。

1）边框梁一般都与端柱发生联系，而端柱的竖向钢筋与箍筋构造与框架柱相同，所以，边框梁纵筋与端柱纵筋之间的关系也可以参考框架梁纵筋与框架柱纵筋的关系。即边框梁纵筋在端柱纵筋之内伸入端柱。

2）边框梁纵筋伸入端柱的长度不同于框架梁纵筋在框架柱的锚固构造，因为端柱不是边框梁的支座，它们都是剪力墙的组成部分。因此，边框梁纵筋在端柱的锚固构造可以参考表3-2-6和表3-2-7的剪力墙身水平钢筋构造。

3. 剪力墙暗梁配筋构造

剪力墙暗梁的钢筋种类包括：纵向钢筋、箍筋、拉筋、暗梁侧面的水平分布筋。

22G101-1图集关于剪力墙暗梁（AL）钢筋构造只有在图集84页的一个断面图，所以，我们也可以认为暗梁的纵筋沿墙肢方向贯通布置，而暗梁的箍筋也沿墙肢方向全长布置，而且是均匀布置，不存在箍筋加密区和非加密区。

剪力墙的竖向钢筋连续穿越边框梁和暗梁

图 3-2-9 剪力墙暗梁配筋构造

剪力墙暗梁配筋构造如图3-2-9所示。

（1）暗梁是剪力墙的一部分，对剪力墙有阻止开裂的作用，是剪力墙的一道水平线性加强带。暗梁一般设置在剪力墙靠近楼板底部的位置，就像砖混结构的圈梁那样。

（2）墙身水平分布筋按其间距在暗梁箍筋的外侧布置。从图3-2-9可以看出，在暗梁上部纵筋和下部纵筋的位置上不需要布置水平分布筋。但是，整个墙身的水平分布筋按其间距布置到暗梁下部纵筋时，可能不正好是一个水平分布筋间距，此时的墙身水平分布筋是否还按其间距继续向上布置，可依从施工人员安排。

（3）剪力墙的暗梁不是剪力墙身的支座，暗梁本身是剪力墙的加强带。所以，当每个楼层的剪力墙顶部设置有暗梁时，剪力墙竖向钢筋不能锚入暗梁：若当前层是中间楼层，则剪力墙竖向钢筋穿越暗梁直伸入上一层；若当前层是顶层，则剪力墙竖向钢筋应该穿越暗梁锚入现浇板内。

（4）暗梁的拉筋。拉筋的直径和间距同剪力墙连梁。

（5）暗梁的纵筋。暗梁纵筋是布置在剪力墙身上的水平钢筋，因此，可以参考表 3-2-6 和表 3-2-7 的剪力墙身水平钢筋构造。

4. 剪力墙边框梁或暗梁与连梁重叠时配筋构造

剪力墙边框梁或暗梁与连梁重叠时配筋构造如图 3-2-10 所示。

图 3-2-10　剪力墙边框梁或暗梁与连梁重叠时配筋构造

5. 剪力墙连梁 LLk 纵向钢筋、箍筋加密区构造

剪力墙连梁 LLk 纵向钢筋、箍筋加密区构造如图 3-2-11、图 3-2-12 所示。

（1）梁上部通长钢筋与非贯通钢筋直径相同时，连接位置宜位于跨中 $l_n/3$ 范围内；梁下部钢筋连接位置宜位于支座 $l_n/3$ 范围内；且在同一连接区段内钢筋接头面积百分率不宜大于 50%。

（2）梁侧面构造钢筋做法同连梁。

（3）当梁纵筋（不包括架立筋）采用绑扎搭接接长时，搭接区内箍筋直径及间距要求见"纵向钢筋弯钩与机械锚固形式纵向受力钢筋搭接区箍筋构造纵向钢筋的连接"。

（4）梁侧面构造钢筋做法同连梁 LL。

3.2.5 剪力墙洞口补强构造

这里所说的"洞口"是剪力墙身上面开的小洞,它不应该是众多的门窗洞口,后者在剪力墙结构中以连梁和暗柱所构成。

图 3-2-11 连梁 LLk 纵向配筋构造

图 3-2-12 连梁 LLk 箍筋加密区范围

剪力墙洞口钢筋种类包括:补强钢筋或补强暗梁纵向钢筋、箍筋、拉筋。同时,引起剪力墙纵横钢筋的截断或连梁箍筋的截断。

剪力墙洞口补强构造见表 3-2-9。

剪力墙洞口补强构造

表 3-2-9

名称	构造图	构造说明
矩形洞宽和洞高均不大于 800 时洞口补强钢筋构造	矩形洞宽和洞高均不大于800时洞口补强钢筋构造	字母释义: l_{aE}——受拉钢筋锚固长度; D——圆形洞口直径; h——梁宽

续表

名称	构造图	构造说明
矩形洞宽和洞高均大于800时洞口补强暗梁构造	矩形洞宽和洞高均大于800时洞口补强暗梁构造	
剪力墙圆形洞口直径不大于300时补强钢筋构造	剪力墙圆形洞口直径不大于300时补强钢筋构造	字母释义：l_{aE}——受拉钢筋锚固长度；D——圆形洞口直径；h——梁宽
剪力墙圆形洞口直径大于300但不大于800时补强钢筋构造	剪力墙圆形洞口直径大于300但不大于800时补强钢筋构造	
剪力墙圆形洞口直径大于800时补强钢筋构造	剪力墙圆形洞口直径大于800时补强钢筋构造	

续表

名称	构造图	构造说明
连梁中部圆形洞口补强钢筋构造	(圆形洞口预埋钢套管)连梁中部圆形洞口补强钢筋构造	字母释义： l_{aE}——受拉钢筋锚固长度； D——圆形洞口直径； h——梁宽

3.2.6 地下室外墙 DWQ 钢筋构造

地下室外墙 DWQ 钢筋构造见表 3-2-10。

地下室外墙 DWQ 钢筋构造　　　　　　　　　表 3-2-10

名称	构造图	构造说明
地下室外墙水平钢筋构造	图 3-2-13	字母释义： l_{n1}、l_{n2}、l_{n3}——水平跨的净跨值； l_{nx}——相邻水平跨的较大净跨值； H_n——本层层高； $l_{lE}(l_l)$——受拉钢筋绑扎搭接长度，抗震设计时锚固长度用 l_{lE} 表示，非抗震设计用 l_l 表示； d——受拉钢筋直径； H_{-1}、H_{-2}——竖直跨的净跨值； H_{-x}——H_{-1} 和 H_{-2} 的较大值。
地下室外墙竖向钢筋构造	地下室外墙竖向钢筋构造	构造图解析： (1)当具体工程的钢筋的排布与本表图不同时(如将水平筋设置在外层)，应按设计要求进行施工。 (2)扶壁柱、内墙是否作为地下室外墙的平面外支承应由设计人员根据工程具体情况确定，并在设计文件中明确。 (3)是否设置水平非贯通筋由设计人员根据计算确定，非贯通筋的直径、间距及长度由设计人员在设计图纸中标注。 (4)当扶壁柱、内墙不作为地下室外墙的平面外支承时，水平贯通筋的连接区域不受限制。 (5)外墙和顶板的连接节点做法②、③的选用由设计人员在图纸中注明。 (6)地下室外墙与基础的连接见 22G101-3 图集

续表

名称	构造图	构造说明
地下室外墙转角配筋构造		
①顶板作为外墙的简支支承		构造图解析： （1）当具体工程的钢筋的排布与本表图不同时（如将水平筋设置在外层），应按设计要求进行施工。 （2）扶壁柱、内墙是否作为地下室外墙的平面外支承应由设计人员根据工程具体情况确定，并在设计文件中明确。 （3）是否设置水平非贯通筋由设计人员根据计算确定，非贯通筋的直径、间距及长度由设计人员在设计图纸中标注。 （4）当扶壁柱、内墙不作为地下室外墙的平面外支承时，水平贯通筋的连接区域不受限制。 （5）外墙和顶板的连接节点做法②、③的选用由设计人员在图纸中注明。 （6）地下室外墙与基础的连接见22G101-3图集
②顶板与外墙连续传力		

图 3-2-13　地下室外墙水平钢筋构造

3.3 剪力墙平法施工图识读实例

3.3.1 剪力墙平法施工图的主要内容

剪力墙平法施工图主要包括以下内容：

（1）图名和比例。剪力墙平法施工图的比例应与建筑平面图相同。

（2）定位轴线及其编号、间距尺寸。

（3）剪力墙柱、剪力墙身和剪力墙梁的编号、平面布置。

（4）每一种编号剪力墙柱、剪力墙身和剪力墙梁的标高、截面尺寸、配筋情况。

（5）必要的设计详图和说明（包括混凝土等的材料性能要求）。

3.3.2 剪力墙平法施工图的识读步骤

剪力墙平法施工图识读步骤如下：

（1）查看图名、比例。

（2）校核轴线编号及其间距尺寸，要求必须与建筑图、基础平面图保持一致。

（3）阅读结构设计总说明或图纸说明，明确剪力墙的混凝土强度等级。

（4）与建筑图配合，明确各段剪力墙柱的编号、数量、位置；查阅剪力墙柱表或图中截面标注等，明确墙柱的截面尺寸、配筋形式、标高、纵筋和箍筋情况。再根据抗震等级、设计要求，查阅平法标准构造详图，确定纵向钢筋在转换梁等上的锚固长度和连接构造。

（5）所有洞口的上方必须设置连梁。与建筑图配合，明确各洞口上方连梁的编号、数量和位置；查阅剪力墙柱表或图中截面标注等，明确连梁的标高、截面尺寸、上部纵筋、下部纵筋和箍筋情况。再根据抗震等级与设计要求，查阅平法标准构造详图，确定连梁的侧面构造钢筋、纵向钢筋伸入剪力墙内的锚固要求、箍筋构造等。

（6）与建筑图配合，明确各段剪力墙身的编号、位置；查阅剪力墙身表或图中截面标注等。明确各层各段剪力墙的厚度、水平分布钢筋、垂直分布钢筋和拉筋。再根据抗震等级与设计要求，查阅平法标准构造详图，确定剪力墙身水平钢筋、竖向钢筋的连接和锚固构造。

（7）明确图纸说明的其他要求，包括暗梁的设置要求等。

3.3.3 剪力墙平法施工图实例

在此，以标准层为例简单介绍剪力墙平法施工图的识读。

××工程剪力墙平法施工图采用列表注写方式，为图面简洁，将剪力墙墙柱、墙梁和墙身分别绘制在不同的平面布置图中。图 3-3-1 为××工程标准层墙柱平面布置图，表 3-3-1 为相应的剪力墙柱表，表 3-3-3 为剪力墙柱相应的图纸说明，图 3-3-2 为标准层顶

图 3-3-1　标准层墙柱平面布置图

梁配筋平面图（将墙梁和楼面梁平面布置合二为一），图 3-3-3 为相应的连梁类型和连梁表，表 3-3-2 为相应的剪力墙身表，表 3-3-4 为连梁和墙身相应的图纸说明。

标准层剪力墙柱表　　　　　　　　　　　　　　　　表 3-3-1

截面			
编号	GAZ1		GJZ2		GJZ3	
标高	6.950～12.550	12.550～—49.120	6.950～12.550	12.550～—49.120	6.950～12.550	12.550～—49.120
纵筋	6Φ14	6Φ12	12Φ14	12Φ12	20Φ14	20Φ12
箍筋	Φ8@125	Φ6@125	Φ8@125	Φ6@125	Φ8@125	Φ6@125
截面			
编号	GYZ4		GYZ5		GYZ6	
标高	6.950～12.550	12.550～—49.120	6.950～12.550	12.550～—49.120	6.950～12.550	12.550～—49.120
纵筋	16Φ14	16Φ12	22Φ14	22Φ12	22Φ14	22Φ12
箍筋	Φ8@125	Φ6@125	Φ8@125	Φ6@125	Φ8@125	Φ6@125
截面			

续表

编号	GYZ7		GYZ8		GYZ9	
标高	6.950～12.550	12.550～－49.120	6.950～12.550	12.550～－49.120	6.950～12.550	12.550～－49.120
纵筋	14Φ14	14Φ12	12Φ14	12Φ12	26Φ14	26Φ12
箍筋	Φ8@125	Φ6@125	Φ8@125	Φ6@125	Φ8@125	Φ6@125
截面						

编号	GYZ10		GYZ11		YAZ12	
标高	6.950～12.550	12.550～－49.120	6.950～12.550	12.550～－49.120	6.950～12.550	12.550～－49.120
纵筋	8Φ14	8Φ12	16Φ14	16Φ12	14Φ20	14Φ16
箍筋	Φ8@125	Φ6@125	Φ8@125	Φ6@125	Φ12@125	Φ10@125
截面						

编号	GAZ13		GAZ14		GJZ15	
标高	6.950～12.550	12.550～－49.120	6.950～12.550	12.550～－49.120	6.950～12.550	12.550～－49.120
纵筋	14Φ14	14Φ12	24Φ14	24Φ12	16Φ14	16Φ12
箍筋	Φ8@125	Φ6@125	Φ8@125	Φ6@125	Φ8@125	Φ6@125
截面						

编号	GJZ16		YAZ17		GYZ18	
标高	6.950～12.550	12.550～－49.120	6.950～12.550	12.550～－49.120	6.950～12.550	12.550～－49.120
纵筋	16Φ14	16Φ12	16Φ20	16Φ16	30Φ14	30Φ12
箍筋	Φ8@125	Φ6@125	Φ12@125	Φ10@125	Φ8@125	Φ6@125

从图 3-3-1、表 3-3-1、表 3-3-3 可以了解以下内容：

图 3-3-1 为剪力墙柱平法施工图，绘制比例为 1∶100。

轴线编号及其间距尺寸与建筑图、框支柱平面布置图一致。

阅读结构设计总说明或图纸说明可知，剪力墙混凝土强度等级为 C30。一、二层剪力墙及转换层以上两层剪力墙，抗震等级为三级，以上各层抗震等级为四级。

剪力墙身表 表 3-3-2

墙号	水平分布钢筋	垂直分布钢筋	拉筋	备注
Q1	Φ12@250	Φ12@250	Φ8@500	3、4 层
Q2	Φ10@250	Φ10@250	Φ8@500	5～16 层

标准层墙柱平面布置图图纸说明 表 3-3-3

说明：
1. 剪力墙、框架柱除标注外，混凝土等级均为 C30
2. 钢筋采用 HPB300(Φ)，HRB400(Φ)
3. 墙水平筋伸入暗柱
4. 剪力墙上留洞不得穿过暗柱
5. 本工程暗柱配筋采用平面整体表示法(简称平法)，选自 22G101-1 图集，施工人员必须阅读图集说明，理解各种规定，严格按设计要求施工

标准层顶梁配筋平面图图纸说明 表 3-3-4

说明：
1. 混凝土等级 C30，钢筋采用 HPB300(Φ)，HRB400(Φ)
2. 所有混凝土剪力墙上楼层板顶标高(建筑标高-0.05)处均设暗梁
3. 未注明墙均为 Q1，轴线居中
4. 未注明主次梁相交处的次梁两侧各加设 3 根间距 50mm、直径同主梁箍筋直径的箍筋
5. 未注明处梁配筋及墙梁配筋见 22G101-1 图集，施工人员必须阅读图集说明，理解各种规定，严格按设计要求施工

对照建筑图和顶梁配筋平面图可知，在剪力墙的两端及洞口两侧按要求设置边缘构件(即暗柱、端柱、翼墙和转角墙)，图中共 18 类边缘构件，其中构造边缘暗柱 GAZ1 共 40 根，构造边缘转角柱 GJZ2、构造边缘翼柱 GYZ9 各 3 根，构造边缘转角柱 GJZ3、构造边缘翼柱 GYZ4 各 6 根，构造边缘翼柱 GYZ5、构造边缘转角柱 GJZ8 和 GJZ11、构造边缘暗柱 GAZ10 和 GAZ13、约束边缘暗柱 YAZ12 各 4 根，构造边缘翼柱 GYZ6 和 GYZ15、构造边缘转角柱 GJZ16 和 GJZ17、约束边缘暗柱 YAZ18 各 1 根，构造边缘翼柱 GYZ7 共 2 根。查阅剪力墙柱表知各边缘构件的截面尺寸、配筋形式，6.950～12.550m (3、4 层) 和 12.550～49.120m (5～16 层) 标高范围内的纵向钢筋和箍筋的数值。

因转换层以上两层 (3、4 层) 剪力墙，抗震等级为三级，以上各层抗震等级为四级，根据《高层建筑混凝土结构技术规程》JGJ 3—2010，并查阅平法标准构造详图知，墙体竖向钢筋在转换梁内锚固长度不小于 l_{aE} (31d)。墙柱、小墙肢的竖向钢筋与箍筋构造与框架柱相同，为保证同一截面内的钢筋接头面积百分率不大于 50%，钢筋接头应错开，各层连接构造见表 3-2-5 绑扎搭接构造图，纵向钢筋的搭接长度为 $1.4l_{aE}$，其中 3、4 层 (标高 6.950～12.550m) 纵向钢筋锚固长度为 31d，5～16 层 (标高 12.550～49.120m)

图 3-3-2 标准层顶梁配筋平面图

纵向钢筋锚固长度为 $30d$。

从图 3-3-2、图 3-3-3、表 3-3-2、表 3-3-4 可以了解以下内容：

图 3-3-2 为标准层顶梁平法施工图，绘制比例为 1：100。

轴线编号及其间距尺寸与建筑图、框支柱平面布置图一致。

阅读结构设计总说明或图纸说明可知，剪力墙混凝土强度等级为 C30。一、二层剪力墙及转换层以上两层剪力墙，抗震等级为三级，以上各层抗震等级为四级。

对照建筑图和顶梁配筋平面图可知，所有洞口的上方均设有连梁，图中共 8 种连梁，其中 LL-1 和 LL-8 各 1 根，LL-2 和 LL-5 各 2 根，LL-3、LL-6 和 LL-7 各 3 根，LL-4 共 6 根，平面位置如图 3-3-2 所示。查阅连梁表知，各个编号连梁的梁底标高、截面宽度和高度、连梁跨度、上部纵向钢筋、下部纵向钢筋及箍筋。从图 3-3-3 知，连梁的侧面构造钢筋即为剪力墙配置的水平分布筋，其在 3、4 层为直径 12mm、间距 250mm 的 HRB400 钢筋，在 5~16 层为直径 10mm、间距 250mm 的 HPB300 钢筋。

查阅平法标准构造详图可知，连梁纵向钢筋伸入剪力墙内的锚固要求和箍筋构造如图 3-2-5 [洞口连接（端部墙肢较短），单洞口连梁（单跨）] 所示。因转换层以上两层（3、4 层）剪力墙，抗震等级为三级，以上各层抗震等级为四级，知 3、4 层（标高 6.950~12.550m）纵向钢筋锚固长度为 $31d$，5~16 层（标高 12.550~49.120m）纵向钢筋锚固长度为 $30d$。顶层洞口连梁纵向钢筋伸入墙内的长度范围内，应设置间距为 150mm 的箍筋，箍筋直径与连梁跨内箍筋直径相同。

图中剪力墙身的编号只有一种，平面位置如图 3-3-2 示，墙厚 200mm。查阅剪力墙身表知，剪力墙水平分布钢筋和垂直分布钢筋均相同，在 3、4 层直径为 12mm、间距为

A型 1:30　　　　B型 1:30　　　　暗梁 1:30

连梁表

梁号	类型	上部纵筋	下部纵筋	梁箍筋	梁宽	跨度	梁高	梁底标高（相对本层顶板结构标高，下沉为正）
LL-1	B	2Φ25	2Φ25	Φ8@100	200	1500	1400	450
LL-2	A	2Φ18	2Φ18	Φ8@100	200	900	450	450
LL-3	B	2Φ25	2Φ25	Φ8@100	200	1200	1300	1800
LL-4	B	4Φ20	4Φ20	Φ8@100	200	800	1800	0
LL-5	A	2Φ18	2Φ18	Φ8@100	200	900	750	750
LL-6	A	2Φ18	2Φ18	Φ8@100	200	1100	580	580
LL-7	A	2Φ18	2Φ18	Φ8@100	200	900	750	750
LL-8	B	2Φ25	2Φ25	Φ8@100	200	900	1800	1350

图 3-3-3　连梁类型和连梁表

250mm 的 HRB400 钢筋,在 5~16 层直径为 10mm、间距为 250mm 的 HPB300 钢筋。拉筋直径为 8mm 的 HPB300 钢筋,间距为 500mm。

查阅 22G101-1 图集可知,剪力墙身水平分布筋的锚固和搭接构造见表 3-2-6(翼墙)、表 3-2-7(端部无暗柱时剪力墙水平钢筋端部做法,转角墙,剪力墙水平钢筋交错搭接)构造图,剪力墙身竖向分布筋的顶层锚固、搭接和拉筋构造如图 3-2-3、图 3-2-4(d)、图 3-3-4 所示。因转换层以上两层(3、4 层)剪力墙,抗震等级为三级,以上各层抗震等级为四级,知 3、4 层(标高 6.950~12.550m)墙身竖向钢筋在转换梁内的锚固长度不小于 l_{aE},水平分布筋锚固长度 l_{aE} 为 31d,5~16 层(标高 12.550~49.120m)水平分布筋锚固长度 l_{aE} 为 24d,各层搭接长度为 $1.4 l_{aE}$;3、4 层(标高 6.950~12.550m)水平分布筋锚固长度 l_{aE} 为 31d,5~16 层(标高 12.550~49.120m)水平分布筋锚固长度 l_{aE} 为 24d,各层搭接长度为 $1.6 l_{aE}$。

根据图纸说明,所有混凝土剪力墙上楼层板顶标高处均设暗梁,梁高 400mm,上部纵向钢筋和下部纵向钢筋同为 2 根直径 16mm 的 HPB335 钢筋,箍筋直径为 8mm、间距为 100mm 的 HPB300 钢筋,梁侧面构造钢筋即为剪力墙配置的水平分布筋,在 3、4 层设直径为 12mm、间距为 250mm 的 HRB400 钢筋,在 5~16 层设直径为 10mm、间距为 250mm 的 HPB300 钢筋。

图 3-3-4 剪力墙双排配筋
b_w—剪力墙垂直方向的厚度

练 习 题

1. 剪力墙编号有哪些规定?
2. 剪力墙洞口的表示方法有哪些?
3. 剪力墙竖向分布钢筋在基础中构造措施有哪些?
4. 剪力墙变截面处竖向钢筋构造做法有哪些?
5. 约束边缘构件 YBZ 构造做法有哪些?
6. 剪力墙水平钢筋计入约束边缘构件体积配筋率的构造做法有哪些?
7. 剪力墙暗梁 AL 钢筋构造如何?
8. 剪力墙边框梁 BKL 配筋构造如何?
9. 剪力墙身竖向分布钢筋的连接方式有哪些?
10. 剪力墙洞口补强构造做法有哪些?

4 梁平法识图

4.1 梁平法施工图制图规则

4.1.1 梁平法施工图的表示方法

（1）梁平法施工图是在梁平面布置图上采用平面注写方式或截面注写方式表达。

（2）梁平面布置图，应分别按梁的不同结构层（标准层），将全部梁和与其相关联的柱、墙、板一起采用适当比例绘制。

（3）在梁平法施工图中，应当用表格或其他方式注明各结构层的顶面标高及相应的结构层号。

（4）对于轴线未居中的梁，应标注其偏心定位尺寸（贴柱边的梁可不注）。

4.1.2 平面注写方式

（1）平面注写方式是在梁平面布置图上，分别在不同编号的梁中各选一根梁，在其上注写截面尺寸和配筋具体数值的方式来表达梁平法施工图。

平面注写包括集中标注与原位标注，集中标注表达梁的通用数值，原位标注表达梁的特殊数值。当集中标注中的某项数值不适用于梁的某部位时，则将该项数值原位标注，施工时，原位标注取值优先，如图4-1-1所示。

（2）梁编号由梁类型代号、序号、跨数及有无悬挑代号几项组成，并应符合表4-1-1的规定。

梁编号 表4-1-1

梁类型	代号	序号	跨数及是否带有悬挑
楼层框架梁	KL	××	(××)、(××A)或(××B)
楼层框架扁梁	KBL	××	(××)、(××A)或(××B)
屋面框架梁	WKL	××	(××)、(××A)或(××B)
框支梁	KZL	××	(××)、(××A)或(××B)
托柱转换梁	TZL	××	(××)、(××A)或(××B)
非框架梁	L	××	(××)、(××A)或(××B)
悬挑梁	XL	××	(××)、(××A)或(××B)
井字梁	JZL	××	(××)、(××A)或(××B)

注：1. (××A)为一端有悬挑，(××B)为两端有悬挑，悬挑不计入跨数。
　　2. 楼层框架扁梁节点核心区代号KBH。
　　3. 表中非框架梁L、井字梁JZL表示端支座为铰接；当非框架梁L、井字梁JZL端支座上部纵筋为充分利用钢筋的抗拉强度时，在梁代号后加"g"。
　　4. 当非框架梁L按受扭设计时，在梁代号后加"N"。

图 4-1-1 平面注写方式示例

注：图中四个梁截面是采用传统表示方法绘制，用于对比按平面注写方式表达的同样内容。

实际采用平面注写方式表达时，不需绘制梁截面配筋图和图中的相应截面号。

（3）梁集中标注的内容，有五项必注值及一项选注值（集中标注可以从梁的任意一跨引出），规定如下：

1）梁编号，见表 4-1-1，该项为必注值。

2）梁截面尺寸，该项为必注值。

当为等截面梁时，用 $b \times h$ 表示；

当为竖向加腋梁时，用 $b \times h$ $Yc_1 \times c_2$ 表示，其中 c_1 为腋长，c_2 为腋高，如图 4-1-2 所示；

当为水平加腋梁时，一侧加腋时用 $b \times h$ $PYc_1 \times c_2$ 表示，其中 c_1 为腋长，c_2 为腋宽，加腋部位应在平面图中绘制，如图 4-1-3 所示；

当有悬挑梁并且根部和端部的高度不同时，用斜线分隔根部与端部的高度值，即为 $b \times h_1 / h_2$，如图 4-1-4 所示。

图 4-1-2 竖向加腋截面注写示意   图 4-1-3 水平加腋截面注写示意

3）梁箍筋，包括钢筋级别、直径、加密区与非加密区间距及肢数，该项为必注值。箍筋加密区与非加密区的不同间距及肢数需用斜线"/"分隔；当梁箍筋为同一种间距及肢数时，则不需用斜线；当加密区与非加密区的箍筋肢数相同时，则将肢数注写一次；箍

筋肢数应写在括号内。加密区范围见相应
抗震等级的标准构造详图。

图 4-1-4 悬挑梁不等高截面注写示意

【例】 Φ10@100/200（4），表示箍筋为 HPB300 钢筋，直径为 10mm，加密区间距为 100mm，非加密区间距为 200mm，均为四肢箍。

【例】 Φ8@100（4）/150（2），表示箍筋为 HPB300 钢筋，直径为 8mm，加密区间距为 100mm，四肢箍；非加密区间为 150mm，两肢箍。

非框架梁、悬挑梁、井字梁采用不同的箍筋间距及肢数时，也用斜线"/"将其分隔开来。注写时，先注写梁支座端部的箍筋（包括箍筋的箍数、钢筋级别、直径、间距及肢数），在斜线后注写梁跨中部分的箍筋间距及肢数。

【例】 13Φ10@150/200（4），表示箍筋为 HPB300 钢筋，直径为 10mm；梁的两端各有 13 个四肢箍，间距为 150mm；梁跨中部分间距为 200mm，四肢箍。

【例】 18Φ12@150（4）/200（2），表示箍筋为 HPB300 钢筋，直径为 12mm；梁的两端各有 18 个四肢箍，间距为 150mm；梁框中部分，间距为 200mm，两肢箍。

4）梁上部通长筋或架立筋配置（通长筋可为相同或不同直径采用搭接连接、机械连接或焊接的钢筋），该项为必注值。所注规格与根数应根据结构受力要求及箍筋肢数等构造要求而定。当同排纵筋中既有通长筋又有架立筋时，应用加号"＋"将通长筋和架立筋相连。注写时需将角部纵筋写在加号的前面，架立筋写在加号后面的括号内，以示不同直径及与通长筋的区别。当全部采用架立筋时，则将其写入括号内。

【例】 2Φ22 用于双肢箍；2Φ22＋（4Φ12）用于六肢箍，其中 2Φ22 为通长筋，4Φ12 为架立筋。

当梁的上部纵筋和下部纵筋为全跨相同，而且多数跨配筋相同时，此项可加注下部纵筋的配筋值，用分号"；"将上部与下部纵筋的配筋值分隔开来，少数跨不同者，按上述第（1）条的规定处理。

【例】 3Φ22；3Φ20，表示梁的上部配置 3Φ22 的通长筋，梁的下部配置 3Φ20 的通长筋。

5）梁侧面纵向构造钢筋或受扭钢筋配置，该项为必注值。

当梁腹板高度 h_w≥450mm 时，需配置纵向构造钢筋，所注规格与根数应符合规范规定。此项注写值以大写字母 G 打头，接续注写设置在梁两个侧面的总配筋值，并且对称配置。

【例】 G4Φ12，表示梁的两个侧面共配置 4Φ12 的纵向构造钢筋，每侧各配置 2Φ12。

当梁侧面需配置受扭纵向钢筋时，此项注写值以大写字母 N 打头，接续注写配置在梁两个侧面的总配筋值，并且对称配置。受扭纵向钢筋应满足梁侧面纵向构造钢筋的间距要求，而且不再重复配置纵向构造钢筋。

【例】 N6Φ22，表示梁的两个侧面共配置 6Φ22 的受扭纵向钢筋，每侧各配置 3Φ22。

注：1. 当为梁侧面构造钢筋时，其搭接与锚固长度可取为 $15d$。

2. 当为梁侧面受扭纵向钢筋时，其搭接长度为 l_l 或 l_{lE}，锚固长度为 l_a 或 l_{aE}；其锚固方式同框架下部纵筋。

6）梁顶面标高高差，该项为选注值。

梁顶面标高高差是指相对于结构层楼面标高的高差值，对于位于结构夹层的梁，则指相对于结构夹层楼面标高的高差。有高差时，需将其写入括号内，无高差时不注。

【例】 某结构标准层的楼面标高分别为 44.950m 和 48.250m，当这两个标准层中某梁的梁顶面标高高差注写为（−0.100）时，即表明该梁顶面标高分别相对于 44.950m 和 48.250m 低 0.100m。

（4）梁原位标注的内容规定如下：

1）梁支座上部纵筋，该部位含通长筋在内的所有纵筋：

① 当上部纵筋多于一排时，用斜线"/"将各排纵筋自上而下分开。

【例】 梁支座上部纵筋注写为 6Φ25 4/2，则表示上一排纵筋为 4Φ25，下一排纵筋为 2Φ25。

② 当同排纵筋有两种直径时，用加号"＋"将两种直径的纵筋相连，注写时将角部纵筋写在前面。

【例】 梁支座上部有 4 根纵筋，2Φ25 放在角部，2Φ22 放在中部，在梁支座上部应注写为 2Φ25＋2Φ22。

③ 当梁中间支座两边的上部纵筋不同时，须在支座两边分别标注；当梁中间支座两边的上部纵筋相同时，可仅在支座的一边标注配筋值，另一边省去不注（图 4-1-5）。

④ 对于端部带悬挑的梁，其上部纵筋注写在悬挑梁根部支座部位。当支座两边的上部纵筋相同时，可仅在支座的以便标注配筋值。

图 4-1-5 大小跨梁的注写示意

设计时应注意：

a. 对于支座两边不同配筋值的上部纵筋，宜尽可能选用相同直径（不同根数），使尽量多的钢筋能够贯穿支座，避免支座两边不同直径的上部纵筋均在支座内锚固。

b. 对于以边柱、角柱为端支座的屋面框架梁，当能够满足配筋截面面积要求时，其梁的上部钢筋应尽可能只配置一层，以避免梁柱纵筋在柱顶处因层数过多、密度过大导致不方便施工和影响混凝土浇筑质量。

2）梁下部纵筋：

① 当下部纵筋多于一排时，用斜线"/"将各排纵筋自上而下分开。

【例】 梁下部纵筋注写为 6Φ25 2/4，则表示上排纵筋为 2Φ25，下排纵筋为 4Φ25，全部伸入支座。

② 当同排纵筋有两种直径时，用加号"＋"将两种直径的纵筋相连，注写时角筋写在前面。

③ 当梁下部纵筋不全部伸入支座时，将梁支座下部纵筋减少的数量写在括号内。

【例】 梁下部纵筋注写为 6Φ25 2(－2)/4，则表示上排纵筋为 2Φ25，且不伸入支座；下排纵筋为 4Φ25，全部伸入支座。

【例】 梁下部纵筋注写为 2Φ25＋3Φ22(－3)/5Φ25，表示上排纵筋为 2Φ25 和 3Φ22，其中 3Φ22 不伸入支座；下来纵筋为 5Φ25，全部伸入支座。

④ 当梁的集中标注中已按上述第（3）条第 4）款的规定分别注写了梁上部和下部均为通长的纵筋值时，则不需在梁下部重复做原位标注。

⑤ 当梁设置竖向加腋时，加腋部位下部斜纵筋应在支座下部以 Y 打头注写在括号内，如图 4-1-6 所示。22G101-1 图集中框架梁竖向加腋构造适用于加腋部位参与框架梁计算，其他情况设计者应另行给出构造。当梁设置水平加腋时，水平加腋内上、下部斜纵筋应在加腋支座上部以 Y 打头注写在括号内，上下部斜纵筋之间用"/"分隔，如图 4-1-7 所示。

图 4-1-6 梁加腋平面注写方式表达示例

图 4-1-7 梁水平加腋平面注写方式表达示例

3）当在梁上集中标注的内容（即梁截面尺寸、箍筋、上部通长筋或架立筋，梁侧面纵向构造钢筋或受扭纵向钢筋，以及梁顶面标高高差中的某一项或几项数值）不适用于某跨或某悬挑部分时，则将其不同数值原位标注在该跨或该悬挑部位，施工时应按原位标注数值取用。

当在多跨梁的集中标注中已注明加腋，而该梁某跨的根部却不需要加腋时，则应在该跨原位标注等截面的 $b \times h$，以修正集中标注中的加腋信息，如图 4-1-6 所示。

4）附加箍筋或吊筋，将其直接画在平面图中的主梁上，用线引注总配筋值。对于附加箍筋，设计尚应注明附加箍筋的肢数，附加箍筋的肢数注在括号内，如图 4-1-8 所示。当多数附加箍筋或吊筋相同时，可在梁平法施工图上统一注明，少数与统一注明值不同时，再原位引注。

图 4-1-8　附加箍筋和吊筋的画法示例

设计、施工时应注意：附加箍筋或吊筋的几何尺寸应按照标准构造详图，结合其所在位置的主梁和次梁的截面尺寸而定。

5）代号为 L 的非钢架梁，当某一端制作上部纵筋为充分利用钢筋的抗拉强度时；对于一端与框架柱相连、另一端与梁相连的梁（代号为 KL），当其与梁相连的制作上部纵筋为充分利用钢筋的抗拉强度时，在梁平面布置图上原位标注，以符号"g"表示（图 4-1-9）。

图 4-1-9　梁一端采用充分利用钢筋抗拉强度方式的注写示意

注："g"表示右端支座按照非框架梁 Lg 配筋构造。

6）对于局部带屋面的楼层框架梁（代号为 KL），屋面部位梁跨原位标注 WKL，梁总向钢筋构造做法如图 4-1-10 所示。

（5）框架扁梁注写规则同框架梁，对于上部纵筋和下部纵筋，尚需注明未穿过柱截面的梁纵向受力钢筋的根数（图 4-1-11）。

【例】　10Φ25（4）表示框架扁梁有 4 根纵向受力钢筋未穿过柱截面，柱两侧各 2 根。施工时，应注意采用相应的构造做法。

（6）框架扁梁节点核心区代号为 KBH，包括柱内核心区和柱外核心区两部分。框架扁梁节点核心区钢筋注写包括柱外核心区竖向拉筋及节点核心区附加纵向钢筋，端支座节

图 4-1-10 局部带屋面框架梁 KL 纵向钢筋构造

图 4-1-11 框架扁梁平面注写方式示例

点核心区尚需注写附加 U 形箍筋。

柱内核心区箍筋见框架柱箍筋。

柱外核心区竖向拉筋，注写其钢筋种类与直径；端支座柱外核心区尚需注写附加 U 形箍筋的钢筋种类、直径及根数。

框架扁梁节点核心区附加抗剪纵向钢筋，以大写字母"F"打头，大写字母"X"或"Y"注写其设置方向 x 向或 y 向、层数、每层钢筋根数、钢筋种类、直径及未穿过柱截面的纵向受力钢筋根数。

【例】 KBH1Φ10，F X&Y 2×7Φ14 (4)，表示框架扁梁中间支座节点核心区；柱外核心区竖向拉筋Φ10；沿梁 x 向（y 向）配置两层 7Φ14 附加抗剪纵向钢筋，每层有 4 根附加抗剪纵向钢筋未穿过柱截面，柱两侧各 2 根；附加抗剪纵向钢筋沿梁高度范围均匀布置。如图 4-1-12 (a) 所示。

图 4-1-12 框架扁梁节点核心区附加钢筋注写示意
(a) 中间节点核心区；(b) 端支座节点核心区

【例】 KBH2Φ10，4Φ10，F X 2×7Φ14 (4)，表示框架扁梁支座节点核心区；柱外核心区竖向拉筋Φ10；附加 U 型箍筋共 4 道，柱两侧各 2 道；沿框架扁梁 x 向配置两侧 7Φ14 附加抗剪纵向钢筋，每层有 4 根附加抗剪纵向钢筋为穿过柱截面柱两侧各 2 根；附加抗剪纵向钢筋沿梁高度范围均匀布置。如图 4-1-12（b）所示。

设计、施工时应注意：

Ⅰ．柱外核心区竖向拉筋在梁纵向钢筋两向交叉位置均布置，当布置方式与图集要求不一致时，设计应另行绘制详图。

Ⅱ．框架扁梁端支座节点，柱外核心区设置 U 形箍筋及竖向拉筋时，在 U 形箍筋与位于柱外的梁纵向钢筋交叉位置均布置竖向拉筋。当布置方式与图集要求不一致时，设计应另行绘制详图。

Ⅲ．附加纵向钢筋应与竖向拉筋相互绑扎。

（7）井字梁一般由非框架梁构成，并且以框架梁为支座（特殊情况下以专门设置的非框架大梁为支座）。在此情况下，为明确区分井字梁与作为井字梁支座的梁，井字梁用单粗虚线表示（当井字梁顶面高出板面时可用单粗实线表示），作为井字梁支座的梁用双细虚线表示（当梁顶面高出板面时可用双细实线表示）。

井字梁是指在同一矩形平面内相互正交所组成的结构构件，井字梁所分布范围称为"矩形平面网格区域"（简称"网格区域"）。当在结构平面布置中仅有由四根框架梁框起的一片网格区域时，所有在该区域相互正交的井字梁均为单跨；当有多片网格区域相连时，贯通多片网格区域的井字梁为多跨，而且相邻两片网格区域分界处即为该井字梁的中间支座。对某根井字梁编号时，其跨数为其总支座数减 1；在该梁的任意两个支座之间，无论有几根同类梁与其相交，均不作为支座（图 4-1-13）。

图 4-1-13　井字梁矩形平面网格区域示意

井字梁的注写规则符合上述第（1）～（4）条规定。除此之外，设计者应注明纵横两个方向梁相交处同一层面钢筋的上下交错关系（指梁上部或下部的同层面交错钢筋何梁在上何梁在下），以及在该相交处两方向梁箍筋的布置要求。

（8）井字梁的端部支座和中间支座上部纵筋的伸出长度 a_0 值，应由设计者在原位加注具体数值予以注明。

当采用平面注写方式时，则在原位标注的支座上部纵筋后面括号内加注具体伸出长度值，如图 4-1-14 所示。

图 4-1-14 井字梁平面注写方式示例

注：图中仅示意井字梁的注写方法，未注明截面几何尺寸 $b×h$，支座上部纵筋伸出长度 a_{01}～a_{03}，以及纵筋与箍筋的具体数值。

若采用截面注写方式，应在梁端截面配筋图上注写的上部纵筋后面括号内加注具体伸出长度值，如图 4-1-15 所示。

设计时应注意：

1）当井字梁连续设置在两片或多排网格区域时，才具有井字梁中间支座。

2）当某根井字梁端支座与其所在网格区域之外的非框架梁相连时，该位置上部钢筋的连续布置方式需由设计者注明。

图 4-1-15 井字梁截面注写方式示例

（9）在梁平法施工图中，当局部梁的布置过密时，可将过密区用虚线框出，适当放大比例后再用平面注写方式表示。

（10）采用平面注写方式表达的梁平法施工图示例，如图 4-1-16 所示。

图 4-1-16　梁平法施工图平面注写方式示例

4.1.3　截面注写方式

（1）截面注写方式是在分标准层绘制的梁平面布置图上，分别在不同编号的梁中各选择一根梁用剖面号引出配筋图。并在其上注写截面尺寸和配筋具体数值的方式来表达梁平法施工图。

（2）对所有梁按表 4-1-1 单位规定进行编号，从相同编号的梁中选择一根梁，用剖面号引出截面位置，在将截面配筋详图画在本图或其他图上。当某梁的顶面标高与结构层的楼面标高不同时，尚应继其梁编号后注写梁顶面标高高差（注写规定与平面注写方式相同）。

（3）在截面配筋详图上注写截面尺寸 $b \times h$、上部筋、下部筋、侧面构造筋或受扭筋以及箍筋的具体数值时，其表达形式与平面注写方式相同。

（4）对于框架扁梁尚需在截面详图上注写未穿过柱截面的纵向受力筋根数。对于框架扁梁节点核心区附加钢筋，需采用平、剖面图表达节点核心区附加纵向钢筋、柱外核心区全部竖向拉筋以及端支座附加 U 形箍筋，注写其具体数值。

（5）截面注写方式既可以单独使用，也可与平面注写方式结合使用。

注：在梁平法施工图的平面图中，当局部区域的梁布置过密时，除了采用截面注写方式表达外，也

可采用 4.1.2 平面注写方式第（9）条的措施来表达。当表达异形截面梁的尺寸与配筋时，用截面注写方式相对比较方便。

（6）应用截面注写方式表达的梁平法施工图示例，如图 4-1-17 所示。

图 4-1-17　梁平法施工图截面注写方式示例

4.1.4　梁支座上部纵筋的长度规定

（1）为方便施工，凡框架梁的所有支座和非框架梁（不包括井字梁）的中间支座上部纵筋的伸出长度 a_0 值在标准构造详图中统一取值为：第一排非通长筋及与跨中直径不同的通长筋从柱（梁）边起伸出至 $l_n/3$ 位置；第二排非通长筋伸出至 $l_n/4$ 位置。l_n 的取值规定为：对于端支座，l_n 为本跨的净跨值；对于中间支座，l_n 为支座两边较大一跨的净跨值。

（2）悬挑梁（包括其他类型梁的悬挑部分）上部第一排纵向钢筋伸出至梁端头并下弯，第二排伸出至 $3l/4$ 位置，l 为自柱（梁）边算起的悬挑净长。当具体工程需要将悬挑梁中的部分上部钢筋从悬挑梁根部开始斜向弯下时，应由设计者另加注明。

（3）设计者在执行上述第（1）、（2）条关于梁支座端上部纵筋伸出长度的统一取值规定时，特别是在大小跨相邻和端跨外为长悬臂的情况下，还应注意按《混凝土结构设计规范》GB 50010—2010 的相关规定进行校核，若不满足时应根据规范规定进行变更。

4.1.5 不伸入支座的梁下部纵筋长度规定

（1）当梁（不包括框支梁）下部纵筋不全部伸入支座时，不伸入支座的梁下部纵筋截断点距支座边的距离，在标准构造详图中统一取为 $0.1l_{ni}$，（l_{ni} 为本跨梁的净跨值）。

（2）当按上述第（1）条规定确定不伸入支座的梁下部纵向钢筋的截断点位置及数量时，应符合《混凝土结构设计规范》GB 50010—2010 的有关规定。

4.1.6 其他

（1）非框架梁、井字梁的上部纵向钢筋在端支座的锚固要求，22G101-1 图集标准构造详图中固定：当涉及按铰接时（代号 L、JZL）时，平直段伸至端支座对边后弯折，且平直段长度≥$0.35l_{ab}$，弯后直段长度 $12d$，（d 为纵向钢筋直径）；当充分利用钢筋的抗拉强度时（代号 Lg、JZLg 或原位标注"g"的支座），平直段伸至端支座对边后弯折，且平直段长度≥$0.6l_{ab}$，弯后直段长度 $12d$。

（2）非框架梁的下部纵向钢筋在中间支座和端支座的锚固长度：在 22G101-1 图集的标准构造详图中规定，对于带肋钢筋为 $12d$，对于光圆钢筋为 $15d$（d 为纵向钢筋直径）；端支座直锚长度不足时，可采取弯钩的锚固形式。当计算中需要冲分利用下部纵向钢筋的抗压强度或抗拉强度，或具体工程有特殊要求时，其锚固长度应由设计者按照现行国家标准《混凝土结构设计规范》GB 50010 的相关规定进行变更。

（3）受扭非框架梁（代号 LN）纵向钢筋锚入支座的长度为 l_a，在端支座直锚长度不足时可伸至端支座对边后弯折，且平直段长度≥$0.63l_{ab}$，弯后直段长度 $12d$。

（4）当梁纵向钢筋兼做温度应力钢筋时，其锚入支座的长度有设计确定。

（5）当两楼层之间设有层间梁时（如结构夹层位置处的梁），应将设置该部分梁的区域划出，另行绘制梁结构布置图，然后在其上表达梁平法施工图。

（6）当梁两端支座不一致时，支承于框架柱的梁端纵向钢筋锚固方式和构造做法同框架梁；支承于梁的梁端纵向钢筋锚固方式和构造做法同非框架梁；与剪力墙平面内、平面外相连时，框架梁与剪力墙平面外接连接构造（一）、（二）的选用应由设计指定。

（7）当梁纵向受力钢筋采用并筋时，设计应采用截面注写方式绘制梁平法施工图。

4.2 梁标准构造详图

4.2.1 楼层框架梁纵向钢筋构造

楼层框架梁纵向钢筋构造见表 4-2-1。

关于抗震楼层框架梁纵向钢筋构造需要从以下几个方面进行理解分析：

（1）框架梁上部纵筋的构造分析

框架梁上部纵筋包括：上部通长筋、支座上部纵向钢筋（习惯称为支座负筋）和架立筋。此处所讲内容，对于屋面框架梁来说同样适用。

1) 框架梁上部通长筋的构造

楼层框架梁纵向钢筋构造　　　　　　　　　　　　　　　　表 4-2-1

名　　称	构　造　图	构　造　说　明
楼层框架梁 KL 纵向钢筋构造	图 4-2-1	字母释义： l_{lE}——纵向受拉钢筋抗震绑扎搭接长度； l_{abE}——纵向受拉钢筋的抗震基本锚固长度； l_{aE}——纵向受拉钢筋抗震锚固长度； l_{n1}——左跨的净跨值； l_{n2}——右跨的净跨值； l_n——左跨 l_{ni} 和右跨 $l_{ni}+1$ 之较大值，其中 $i=1,2,3\cdots$； d——纵向钢筋直径； h_c——柱截面沿框架方向的高度； h_0——梁截面高度。
端支座加锚头（锚板）锚固	伸至柱外侧纵筋内侧，且 $\geqslant 0.4l_{abE}$ 伸至柱外侧纵筋内侧，且 $\geqslant 0.4l_{abE}$	构造图解析： (1)梁上部通长钢筋与非贯通钢筋直径相同时,连接位置宜位于跨中 $l_{ni}/3$ 范围内;梁下部钢筋连接位置宜位于支座 $l_{ni}/3$ 范围内;且在同一连接区段内钢筋接头面积百分率不宜大于 50%。 (2)一级框架梁宜采用机械连接,二、三、四级可采用绑扎搭接或焊接连接。 (3)钢筋连接要求见 22G101-1 图集第 60 页。
端支座直锚	$\geqslant 0.5h_c+5d$ $\geqslant l_{aE}$ $\geqslant 0.5h_c+5d$ $\geqslant l_{aE}$ h_c	(4)当梁纵筋(不包括侧面 G 打头的构造筋及架立筋)采用绑扎搭接长时,搭接区内箍筋直径不小于 $d/4$(d 为搭接钢筋最大直径),间距不应大于 100mm 及 $5d$(d 为搭接钢筋最小直径)。 (5)梁侧面构造钢筋要求见本章 4.2.8 侧面纵向构造钢筋及拉筋的构造
中间层中间节点梁下部筋在节点外搭接	h_0　$\geqslant l_{lE}$　$\geqslant 1.5h_0$　h_c （梁下部钢筋可在节点外搭接。相邻跨钢筋直径不同时,搭接位置位于较小直径一跨）	(6)当上柱截面尺寸小于下柱截面尺寸时,梁上部钢筋的锚固长度起算位置应为上柱内边缘,梁下部纵筋的锚固长度起算位置为下柱内边缘

① 从上部通长筋的概念出发，上部通长筋的直径可以小于支座负筋。这时，处于跨中的上部通长筋就在支座负筋的分界处（$l_n/3$），与支座负筋进行连接（据此，可算出上部通长筋的长度）。

由《建筑抗震设计规范》GB 50011—2010 第 6.3.4 条可知，抗震框架梁需要布置 2 根直径 14mm 以上的上部通长筋。当设计的上部通长筋（即集中标注的上部通长筋）直径小于（原位标注）支座负筋直径时，在支座附近可以使用支座负筋执行通长筋的职能，此时，跨中处的通长筋就在一跨的两端 1/3 跨距的地方与支座负筋进行连接。

图 4-2-1　楼层框架梁 KL 纵向钢筋构造

② 当上部通长筋与支座负筋的直径相等时，上部通长筋可以在 $l_n/3$ 的范围内进行连接（这种情况下，上部通长筋的长度可以按贯通筋计算）。

2）框架梁支座负筋的延伸长度

框架梁"支座负筋延伸长度"，端支座和中间支座是不同的。具体如下：

① 框架梁端支座的支座负筋延伸长度：第一排支座负筋从柱边开始延伸至 $l_{n1}/3$ 位置；第二排支座负筋从柱边开始延伸至 $l_{n1}/4$ 位置。

② 框架梁中间支座的支座负筋延伸长度：第一排支座负筋从柱边开始延伸至 $l_n/3$ 位置；第二排支座负筋从柱边开始延伸至 $l_n/4$ 位置。

3）框架梁架立筋的构造

架立筋是梁的一种纵向构造钢筋。当梁顶面箍筋转角处无纵向受力钢筋时，应设置架立筋。架立筋的作用是形成钢筋骨架和承受温度收缩应力。

框架梁不一定具有架立筋，例如 22G101 图集第 36 页（即图 4-1-13）例子工程的 KL1，由于 KL1 所设置的箍筋是两肢箍，两根上部通长筋已经充当了两肢箍的架立筋了，所以在 KL1 的上部纵筋标注中就不需要注写架立筋了。

① 架立筋的根数＝箍筋的肢数－上部通长筋的根数

② 架立筋的长度＝梁的净跨长度－两端支座负筋的延伸长度＋150×2

（2）框架梁下部纵筋的构造分析

此处所讲内容，对于屋面框架梁来说同样适用。

1）框架梁下部纵筋的配筋方式：基本上是"按跨布置"，即是在中间支座锚固。

2）钢筋"能通则通"一般是对于梁的上部纵筋说的，梁的下部纵筋则不强调"能通则通"，主要原因在于框架梁下部纵筋如果作贯通筋处理的话，很难找到钢筋的连接点。

3）框架梁下部纵筋连接点的分析：

① 首先，梁的下部钢筋不能在下部跨中进行连接，因为，下部跨是正弯矩最大的地方，钢筋不允许在此范围内连接。

② 梁的下部钢筋在支座内连接也是不可行的，因为，在梁柱交叉的节点内，梁纵筋和柱纵筋都不允许连接。

③ 框架梁下部纵筋是否可以在靠近支座 $l_n/3$ 的范围内进行连接？

如果是"非抗震框架梁"，在竖向静荷载的作用下，每跨框架梁的最大正弯矩在跨中部位，而在靠近支座的地方只有负弯矩而不存在正弯矩。所以，此时框架梁的下部纵筋可以在靠近支座 $l_n/3$ 的范围内进行连接，如图 4-2-2 所示。

如果是"抗震框架梁"，情况比较复杂，在地震作用下，框架梁靠近支座处有可能会成为正弯矩最大的地方。这样看来，抗震框架梁的下部纵筋似乎找不到可供连接的区域（跨中不行、靠近支座处也不行，在支座内更不行）。

所以说，框架梁的下部纵筋一般都是按跨处理，在中间支座锚固。

（3）框架梁中间支座的节点构造分析

此处所讲内容，对于屋面框架梁来说同样适用。

1）框架梁上部纵筋在中间支座的节点构造

在中间支座的框架梁上部纵筋一般是支座负筋。与支座负筋直径相同的上部通长筋在经过中间支座时，它本身就是支座负筋；与支座负筋直径不同的上部通长筋，在中间支座附近也是通过与支座负筋连接来实现"上部通长筋"功能的。

支座负筋在中间支座上一般有如下做法：

① 当支座两边的支座负筋直径相同、根数相等时，这些钢筋都是贯通穿过中间支座的。

② 当支座两边的支座负筋直径相同、根数不相等时，把"根数相等"部分的支座负筋贯通穿过中间支座，而将根数多出来的支座负筋弯锚入柱内。

③在施工图设计中要尽量避免出现支座两边的支座负筋直径不相同的情况。

2）框架梁下部纵筋在中间支座的节点构造

框架梁的下部纵筋一般都是以"直形钢筋"在中间支座锚固。其锚固长度同时满足两个条件：锚固长度≥l_{aE}，锚固长度≥$0.5h_c+5d$。

前面提到过，框架梁的下部纵筋一般都是按跨处理，在中间支座锚固。然而，在满足钢筋"定尺长度"的前提下，相邻两跨同样直径的框架梁可以而且应该直通贯穿中间支座，这样做既可以节省钢筋，又对降低支座钢筋的密度有好处。

4.2.2 屋面框架梁纵向钢筋构造

屋面框架梁纵向钢筋构造见表 4-2-2。

4.2.3 框架梁水平、竖向加腋构造

框架梁水平、竖向加腋构造见表 4-2-3。

屋面框架梁纵向钢筋构造
表 4-2-2

名　　　称	构　造　图	构　造　说　明
屋面框架梁 WKL 纵向钢筋构造	图 4-2-2	字母释义： l_{lE} ——纵向受拉钢筋抗震绑扎搭接长度； l_{abE} ——纵向受拉钢筋的抗震基本锚固长度； l_{aE} ——纵向受拉钢筋抗震锚固长度； l_{n1} ——左跨的净跨值； l_{n2} ——右跨的净跨值； l_n ——左跨 l_{ni} 和右跨 l_{ni+1} 之较大值，其中 $i=1,2,3\cdots$； d ——纵向钢筋直径； h_c ——柱截面沿框架方向的高度； h_0 ——梁截面高度。
顶层端节点梁下部钢筋端头加锚头（锚板）锚固	伸至梁上部纵筋弯钩段内侧且 $\geqslant 0.4 l_{abE}$　　h_c	构造图解析： (1)梁上部通长钢筋与非贯通钢筋直径相同时，连接位置宜位于跨中 $l_{ni}/3$ 范围内；梁下部钢筋连接位置宜位于支座 $l_{ni}/3$ 范围内；且在同一连接区段内钢筋接头面积百分率不宜大于 50%。
顶层端支座梁下部钢筋直锚	$\geqslant 0.5 h_c+5d$ $\geqslant l_{aE}$　　h_c	(2)钢筋连接要求见 22G101-1 图集第 60 页。 (3)当梁纵筋(不包括侧面 G 打头的构造筋及架立筋)采用绑扎搭接接长时，搭接区内箍筋直径及间距要求见 22G101-1 图集第 60 页。
顶层中间节点梁下部筋在节点外搭接	h_0 $\geqslant l_{lE}$　$\geqslant 1.5 h_0$　h_c （梁下部钢筋可在节点外搭接。相邻跨钢筋直径不同时，搭接位置位于较小直径一跨）	(4)梁侧面构造钢筋要求见本章 4.2.8 侧面纵向构造钢筋及拉筋的构造。 (5)顶层端节点处梁上部钢筋与附加角部钢筋构造见表 2-2-16

图 4-2-2　屋面框架梁 WKL 纵向钢筋构造

框架梁水平、竖向加腋构造 表 4-2-3

名　　称	构 造 图	构 造 说 明
框架梁水平加腋构造	图 4-2-3(a)	字母释义： 　　l_{aE}——受拉钢筋锚固长度； 　　c_1、c_2、c_3——加密区长度； 　　h_b——框架梁的截面高度； 　　b_b——框架梁的截面宽度。 构造图解析： 　　(1)当梁结构平法施工图中,水平加腋部位的配筋设计未给出时,其梁腋上下部斜纵筋(仅设置第一排)直径分别同梁内上下纵筋,水平间距不宜大于 200;水平加腋部位侧面纵向构造筋的设置及构造要求同梁内侧面纵向构造筋,见本章 4.2.8 侧面纵向构造钢筋及拉筋的构造。
框架梁竖向加腋构造	图 4-2-3(b)	(2)图 4-2-3 中框架梁竖向加腋构造适用于加腋部分参与框架梁计算,配筋由设计标注;其他情况设计应另行给出做法。 　　(3)加腋部位箍筋规格及肢距与梁端部的箍筋相同。 　　(4)附加筋在中柱内锚固也可按端支座形式分别锚固

图 4-2-3 框架梁水平、竖向加腋构造

(a) 框架梁水平加腋构造；(b) 框架梁竖向加腋构造

4.2.4 框架梁、屋面框架梁中间支座纵向钢筋构造

框架梁、屋面框架梁中间支座纵向钢筋构造见表 4-2-4。

框架梁、屋面框架梁中间支座纵向钢筋构造 表 4-2-4

名 称		构 造 图	构 造 说 明
KL、WKL 中间支座纵向钢筋构造	节点①	 WKL中间支座纵向钢筋构造节点①	字母释义： l_{aE}——受拉钢筋锚固长度； l_{abE}——受拉钢筋的基本锚固长度； h_c——柱截面沿框架方向的高度； d——纵向钢筋直径； Δ_h——中间支座两端梁高差值。 构造图解析： （1）除注明外，括号内为非抗震梁纵筋的锚固长度。 （2）图中标注可直锚的钢筋，当支座宽度满足直锚要求时可直锚 （3）节点⑤，当 $\Delta_h/(h_c-50)\leqslant$ 1/6 时，纵筋可连续布置
	节点②	 WKL中间支座纵向钢筋构造节点②	
	节点③	 WKL中间支座纵向钢筋构造节点③	
	节点④	 KL中间支座纵向钢筋构造节点④	
	节点⑤	 KL中间支座纵向钢筋构造节点⑤	

续表

名　称		构　造　图	构　造　说　明
KL、WKL 中间支座纵向钢筋构造	节点⑥	当支座两边梁宽不同或错开布置时，将无法直通的纵筋弯锚入柱内；或当支座两边纵筋根数不同时，可将多出的纵筋弯锚入柱内 （可直锚） （可直锚） $\geqslant 0.4l_{abE}$ KL中间支座纵向钢筋构造节点⑥	字母释义： l_{aE}——受拉钢筋锚固长度； l_{abE}——受拉钢筋的基本锚固长度； h_c——柱截面沿框架方向的高度； d——纵向钢筋直径； Δ_h——中间支座两端梁高差值。 构造图解析： （1）除注明外，括号内为非抗震梁纵筋的锚固长度。 （2）图中标注可直锚的钢筋，当支座宽度满足直锚要求时可直锚 （3）节点⑤，当 $\Delta_h/(h_c-50)\leqslant$ 1/6 时，纵筋可连续布置

4.2.5　框架梁与剪力墙平面内、平面外连接构造

框架梁与剪力墙平面内、平面外连接构造如图 4-2-4 所示。

图 4-2-4　框架梁与剪力墙平面内、平面外连接构造
（a）框架梁（KL、WKL）与剪力墙平面外构造（一）；（b）框架梁（KL、WKL）与剪力墙平面外构造（二）；（c）框架梁（KL、WKL）与剪力墙平面内相交构造

4.2.6 悬挑梁与各类悬挑端配筋构造

梁悬挑端具有如下构造特点：

（1）梁的悬挑端在"上部跨中"位置进行上部纵筋的原位标注，这是因为悬挑端的上部纵筋是"全跨贯通"的。

（2）悬挑端的下部钢筋为受压钢筋，它只需要较小的配筋就可以了，不同于框架梁第一跨的下部纵筋（受拉钢筋）。

（3）悬挑端的箍筋一般没有"加密区和非加密区"的区别，只有一种间距。

（4）在悬挑端进行梁截面尺寸的原位标注。

悬挑梁与各类悬挑端配筋构造见表 4-2-5。

悬挑梁与各类悬挑端配筋构造　　　　　　　　　　　　　　　表 4-2-5

名　称	构　造　图	构　造　说　明
纯悬挑梁 XL		字母释义： d——纵向钢筋直径； l——悬挑梁净长； h_b——框架梁的截面高度； $l_{ab}(l_{abE})$——受拉钢筋的基本锚固长度，非抗震设计用 l_{ab} 表示，抗震设计时锚固长度用 l_{abE} 表示； Δ_h——中间支座两端梁高差值； h_c——柱截面沿框架方向的高度； $l_a(l_{aE})$——受拉钢筋锚固长度，非抗震设计用 l_a 表示，抗震设计时锚固长度用 l_{aE} 表示； h_1——主次梁高差； s——附加箍筋布置范围； b——次梁宽。 构造图解析： （1）①节点：可用于中间层或屋面。 （2）②节点、④节点：$\Delta_h/(h_c-50)>1/6$，仅用于中间层。 （3）③节点：当 $\Delta_h/(h_c-50)\leqslant1/6$ 时，上部纵筋连续布置。用于中间层，当支座为梁时也可用于屋面。 （4）⑥节点、⑦节点：$\Delta_h\leqslant h_b/3$，用于屋面，当支座为梁时也可用于中间层。 （5）括号内数字为框架梁纵筋锚固长度。当悬挑梁考虑竖向地震作用时（由设计明确），图中悬挑梁中钢筋锚固长度 l_a、l_{ab} 应改为 l_{aE}、l_{abE}，悬挑梁下部钢筋伸入支座长度也应采用 l_{aE}。 （6）①、⑥、⑦节点，当屋面框架梁与悬挑梁根部底平，且下部纵筋通长设置时，框架柱中纵向钢筋锚固要求可按中柱柱顶节点。 （7）当梁上部设有第三排钢筋时，其伸出长度应由设计者注明
①		

续表

名　称	构　造　图	构　造　说　明
②		字母释义： 　　d——纵向钢筋直径； 　　l——悬挑梁净长； 　　h_b——框架梁的截面高度； 　$l_{ab}(l_{abE})$——受拉钢筋的基本锚固长度，非抗震设计用 l_{ab} 表示，抗震设计时锚固长度用 l_{abE} 表示； 　　Δ_h——中间支座两端梁高差值； 　　h_c——柱截面沿框架方向的高度； 　$l_a(l_{aE})$——受拉钢筋锚固长度，非抗震设计用 l_a 表示，抗震设计时锚固长度用 l_{aE} 表示； 　　h_1——主次梁高差； 　　s——附加箍筋布置范围； 　　b——次梁宽。 构造图解析： 　（1）①节点：可用于中间层或屋面。 　（2）②节点、④节点：$\Delta_h/(h_c-50)>1/6$，仅用于中间层。 　（3）③节点、⑤节点：当 $\Delta_h/(h_c-50)\leqslant1/6$ 时，上部纵筋连续布置。用于中间层，当支座为梁时也可用于屋面。 　（4）⑥节点、⑦节点：$\Delta_h\leqslant h_b/3$，用于屋面，当支座为梁时也可用于中间层。 　（5）括号内数字为框架梁纵筋锚固长度。当悬挑梁考虑竖向地震作用时（由设计明确），图中悬挑梁中钢筋锚固长度 l_a、l_{ab} 应改为 l_{aE}、l_{abE}，悬挑梁下部钢筋伸入支座长度也应采用 l_{aE}。 　（6）①、⑥、⑦节点，当屋面框架梁与悬挑端根部底平，且下部纵筋通长设置时，框架柱中纵向钢筋锚固要求可按中柱柱顶节点。 　（7）当梁上部设有第三排钢筋时，其伸出长度应由设计者注明
③		
④		
⑤		
⑥		

续表

名　称	构　造　图	构　造　说　明
⑦		**字母释义**： d——纵向钢筋直径； l——悬挑梁净长； h_b——框架梁的截面高度； $l_{ab}(l_{abE})$——受拉钢筋的基本锚固长度，非抗震设计用 l_{ab} 表示，抗震设计时锚固长度用 l_{abE} 表示； Δ_h——中间支座两端梁高差值； h_c——柱截面沿框架方向的高度； $l_a(l_{aE})$——受拉钢筋锚固长度，非抗震设计用 l_a 表示，抗震设计时锚固长度用 l_{aE} 表示； h_1——主次梁高差； s——附加箍筋布置范围； b——次梁宽。 **构造图解析**： （1）①节点：可用于中间层或屋面。 （2）②节点、④节点：$\Delta_h/(h_c-50)>1/6$，仅用于中间层。 （3）③节点、⑤节点：当 $\Delta_h/(h_c-50)\leqslant1/6$ 时，上部纵筋连续布置。用于中间层，当支座为梁时也可用于屋面。 （4）⑥节点、⑦节点：$\Delta_h\leqslant h_b/3$，用于屋面，当支座为梁时也可用于中间层。 （5）括号内数字为框架梁纵筋锚固长度。当悬挑梁考虑竖向地震作用时（由设计明确），图中悬挑梁中钢筋锚固长度 l_a、l_{ab} 应改为 l_{aE}、l_{abE}，悬挑梁下部钢筋伸入支座长度也应采用 l_{aE}。 （6）①、⑥、⑦节点，当屋面框架梁与悬挑端根部底平，且下部纵筋通长设置时，框架柱中纵向钢筋锚固要求可按中柱柱顶节点。 （7）当梁上部设有第三排钢筋时，其伸出长度应由设计者注明
悬挑梁端附加箍筋范围		

4.2.7　梁箍筋的构造要求

框架梁和屋面框架梁箍筋构造要求见表 4-2-6。

4.2.8　附加箍筋、吊筋的构造

当次梁作用在主梁上，由于次梁集中荷载的作用，使得主梁上易产生裂缝。为防止裂缝的产生，在主次梁节点范围内，主梁的箍筋（包括加密与非加密区）正常设置，除此以

框架梁和屋面框架梁箍筋加密区构造
表 4-2-6

名　称	构　造　图	构　造　说　明
框架梁 KL、屋面框架梁 WKL 箍筋加密区范围(一)	(弧形梁沿梁中心线展开,箍筋间距沿凸面线量度)	字母释义: h_b——框架梁的截面高度; 构造图解析: (1)加密区: 抗震等级为一级:≥2.0h_b且 ≥500 抗震等级为二～四级:≥ 1.5h_b且≥500 (2)图中抗震框架梁箍筋加密区范围同样适用于框架梁与剪力墙平面内连接的情况。 (3)梁中附加箍筋、吊筋构造见本章 4.2.8 附加箍筋、吊筋的构造。 (4)当梁纵筋(不包括侧面 G 打头的构造筋及架立筋)采用绑扎搭接接长时,搭接区内箍筋直径不小于 $d/4$(d 为搭接钢筋最大直径),间距不应大于 100mm 及 5d(d 为搭接钢筋最小直径)
框架梁 KL、屋面框架梁 WKL 箍筋加密区范围(二)	(弧形梁沿梁中心线展开,箍筋间距沿凸面线量度)	

外,再设置上相应的构造钢筋:附加箍筋或附加吊筋,其构造要求如图 4-2-5 所示。

(1)附加箍筋:第一根附加箍筋距离次梁边缘的距离为 50mm,布置范围为 $s=3b+2h_1$。

(a)　　　　　　　　　　　(b)

图 4-2-5 附加箍筋、吊筋的构造

(a) 附加箍筋;(b) 附加吊筋

b—次梁宽;h_1—主次梁高差;d—吊筋直径

(2)附加吊筋:梁高≤800mm 时,吊筋弯折的角度为 45°;梁高＞800mm 时,吊筋弯折的角度为 60°;吊筋在次梁底部的宽度为 $b+2×50$,在次梁两边的水平段长度为 20d。

4.2.9　侧面纵向构造钢筋及拉筋的构造

梁侧面纵向构造筋和拉筋如图 4-2-6 所示。

图 4-2-6 梁侧面纵向构造筋和拉筋

a—纵向构造筋间距；b—梁宽；h_w—梁腹板高度

（1）当 $h_w \geqslant 450$mm 时，在梁的两个侧面应沿高度配置纵向构造筋；纵向构造筋间距 $a \leqslant 200$mm。

（2）当梁侧面配有直径不小于构造纵筋的受扭纵筋时，受扭钢筋可以替代构造钢筋。

（3）梁侧面构造纵筋的搭接与锚固长度可取 15d。梁侧面受扭纵筋的搭接长度为 l_{lE} 或 l_l，其锚固长度为 l_{aE} 或 l_a，锚固方式同框架梁下部纵筋。

（4）当梁宽 $\leqslant 350$mm 时，拉筋直径为 6mm；梁宽 > 350mm 时，拉筋直径为 8mm。拉筋间距为非加密区箍筋间距的 2 倍。当设有多排拉筋时，上下两排拉筋竖向错开设置。

4.2.10 不伸入支座梁下部纵向钢筋构造

当梁（不包括框支梁）下部纵筋不全部伸入支座时，不伸入支座的梁下部纵筋截断点距支座边的距离，统一取为 0.1l_{ni}，如图 4-2-7 所示。

图 4-2-7 不伸入支座梁下部纵向钢筋断点位置

l_{n1}、l_{n2}、l_{n3}—水平跨的净跨值；l_{ni}—本跨梁的净跨值

图 4-2-7 不适用于框支梁、框架扁梁；伸入支座的梁下部纵向钢筋锚固结构见表 4-2-1、表 4-2-2。

4.2.11 框架扁梁中柱节点竖向拉筋、附加纵向钢筋构造

框架扁梁中柱节点竖向拉筋、附加纵向钢筋构造见图 4-2-8。

（1）框架扁梁上部通长钢筋连接位置、非贯通钢筋伸出长度要求同框架梁。

（2）穿过柱截面的框架扁梁下部纵筋，可在柱内锚固，做法同楼层框架梁纵向钢筋构造；未穿过柱截面下部纵筋应贯通节点区。

图 4-2-8　框架扁梁中柱节点竖向拉筋、附加纵向钢筋构造

（a）框架扁梁中柱节点竖向拉筋；（b）框架扁梁中柱节点附加纵向钢筋

b_c—柱截面短边尺寸；h_c—柱截面长边尺寸；b_x—梁纵筋 X 向宽度；

b_y—梁纵筋 Y 向宽度；l_{aE}—受拉钢筋抗震锚固长度；h—梁宽

（3）框架扁梁下部纵筋在节点外连接时，连接位置宜避开箍筋加密区，并宜位于支座 $l_{ni}/3$ 范围之内。

（4）箍筋加密区要求详见 22G101-1 图集第 101 页。

（5）竖向拉筋同时勾住扁梁上下双向纵筋，拉筋末端采用 135°弯钩，平直段长度为 $10d$。

4.2.12　框架扁梁边柱节点构造

框架扁梁边柱节点构造如图 4-2-9 所示。

图 4-2-9　框架扁梁边柱节点构造

（1）穿过柱截面框架扁梁纵向受力钢筋锚固做法同框架梁，见"楼层框架梁 KL 纵向钢筋构造"图。

（2）框架扁梁上部通长钢筋连接位置、非贯通钢筋伸出长度要求同框架梁，见"楼层框架梁 KL 纵向钢筋构造"图。

（3）框架扁梁下部钢筋在节点外连接时，连接位置宜避开箍筋加密区，并宜位于支座 $l_{ni}/3$ 范围之内，l_{ni} 见"楼层框架梁 KL 纵向钢筋构造"图。

（4）节点核心区附加抗剪纵向钢筋在柱及边梁中锚固同框架扁梁纵向受力钢筋。

（5）框架扁梁纵向钢筋在支座区的锚固、搭接做法及箍筋加密区要求见"框架扁梁边柱节点（一）框架扁梁箍筋构造"图。

（6）当 $h_c - b_s \geqslant 100mm$ 时，需设置 U 形箍筋及竖向拉筋。

（7）竖向拉筋同时勾住扁梁上下双向纵筋，拉筋末端采用 135°弯钩，平直段长度为 $10d$。

4.2.13 框支梁 KZL、转换柱 ZHZ 配筋构造

框支梁 KZL、转换柱 ZHZ 配筋构造如图 4-2-10、图 4-2-11 所示。

（1）跨度值 l_n 为左跨 l_{ni} 和右跨 l_{ni+1} 之较大值，其中 $i=1$，2，3…

图 4-2-10　框支梁 KZL、转换柱 ZHZ 配筋构造

图 4-2-11 框支梁 KZL 上部墙体开洞部位加强做法、托梁转换柱 TZL 托柱位置箍筋加密构造

（2）图中，h_b 为梁截面的高度，h_c 为转换柱截面沿转换框架方向的高度。

（3）梁纵向钢筋宜采用机械连接接头，同一截面内接头钢筋截面面积不应超过全部纵筋截面面积的 50%，接头位置应避开上部墙体开洞部位、梁上托柱部位及受力较大部位。

（4）转换柱纵筋中心距不应小于 80mm，且净距不应小于 50mm。

（5）托柱转换梁的纵向钢筋配筋构造具体做法见"框支梁 KZL、转换柱 ZHZ 配筋构造"。

（6）墙体竖向钢筋锚固长度及边缘构件纵向钢筋锚固做法见"框支梁 KXL、转换柱 ZHZ 配筋构造"。

4.2.14 井字梁 JZL、JZLg 配筋构造

井字梁 JZL、JZLg 配筋构造如图 4-2-12 所示。

（1）在本页表示的两片矩形平面网格区域井字梁平面布置图中，仅标注了井字梁编号以及其中两根井字梁支座上部钢筋的伸出长度值代号，略去了集中注写与原位注写的其他内容。

（2）设计无具体说明时，井字梁上、下部纵筋均短跨在下，长跨在上；短跨梁箍筋在

图 4-2-12 井字梁 JZL、JZLg 配筋构造

相交范围内通长设置；相交处两侧各附加 3 道箍筋，间距 50mm，箍筋直径及肢数同梁内箍筋。

（3）JZL3（2）在柱子的纵筋锚固及箍筋加密要求同框架梁。

（4）纵筋在端支座应伸至主梁外侧纵筋内侧后弯折，当直段长度不小于 l_a 时可不弯折。

（5）当梁上部有通长钢筋时，连接位置宜位于跨中 $l_{ni}/3$ 范围内；梁下部钢筋连接位置宜位于支座 $l_{ni}/4$ 范围内；且在同一连接区段内钢筋接头面积百分率不宜大于 50%。

（6）钢筋连接要求见"纵向钢筋弯钩与机械锚固形式纵向受力钢筋搭接区箍筋构造纵向钢筋的连接"。

（7）当梁纵筋（不包括侧面 G 打头的构造筋及架立筋）采用绑扎搭接接长时，搭接区内箍筋直径及间距要求见"纵向钢筋弯钩与机械锚固形式纵向受力钢筋搭接区箍筋构造纵向钢筋的连接"。

（8）当梁中纵筋采用光圆钢筋时，图中 $12d$ 应改为 $15d$。

（9）梁侧面构造钢筋要求见"不伸入支座的梁下部纵向钢筋断点位置梁侧面纵向构造筋和拉筋"。

（10）图中"设计按铰接时"用于代号为 JZL 的井字梁，"充分利用钢筋的抗拉强度时"用于代号为 JZLg 的井字梁。

4.3 梁平法施工图识读实例

4.3.1 梁平法施工图的主要内容

梁平法施工图主要包括以下内容：

（1）图名和比例。梁平法施工图的比例应与建筑平面图的相同。

（2）定位轴线、编号和间距尺寸。

（3）梁的编号、平面布置。

（4）每一种编号梁的截面尺寸、配筋情况和标高。

（5）必要的设计详图和说明。

4.3.2 梁平法施工图的识读步骤

梁平法施工图识读的步骤如下：

（1）查看图名、比例。

（2）校核轴线编号及其间距尺寸，要求必须与建筑图、剪力墙施工图、柱施工图保持一致。

（3）与建筑图配合，明确梁的编号、数量和布置。

（4）阅读结构设计总说明或有关说明，明确梁的混凝土强度等级及其他要求。

（5）根据梁的编号，查阅图中平面标注或截面标注，明确梁的截面尺寸、配筋和标高。再根据抗震等级、设计要求和标准构造详图确定纵向钢筋、箍筋和吊筋的构造要求（例如，纵向钢筋的锚固长度、切断位置、弯折要求和连接方式、搭接长度；箍筋加密区的范围；附加箍筋、吊筋的构造等）。

（6）其他有关的要求。

需要强调的是，应注意主、次梁交汇处钢筋的高低位置要求。

4.3.3 梁平法施工图实例

图 3-3-2、表 3-3-4 即为梁平法施工图和图纸说明，其部分连梁采用平面注写方式。从中我们可以了解以下内容：

图名为标准层顶梁配筋平面图，比例为 1 : 100。

轴线编号及其间距尺寸与建筑图、标准层墙柱平面布置图一致。

梁的编号从 LL1 至 LL26（其中 LL12、LL13 和 LL18 在 2 号楼图中），标高参照各层楼面，数量每种 1～4 根，每根梁的平面位置如图 3-3-2 所示。

由图纸说明知，梁的混凝土强度为 C30。

以 LL1、LL3、LL14 为例说明如下：

LL1（1）位于①轴线和㉕轴线上，1 跨；截面 200mm×450mm；箍筋为直径 8mm

的 HPB300 钢筋,间距为 100mm,双肢箍;上部 2Φ16 通长钢筋,下部 2Φ16 通长钢筋。梁高≥450mm,需配置侧向构造钢筋,侧面构造钢筋应为剪力墙配置的水平分布筋,其在 3、4 层直径为 12mm、间距为 250mm 的 HRB400 钢筋,在 5～16 层为直径为 10mm、间距为 250mm 的 HPB300 钢筋。因转换层以上两层(3、4 层)剪力墙,抗震等级为三级,以上各层抗震等级为四级,知 3、4 层(标高 6.950～12.550m)纵向钢筋伸入墙内的锚固长度 l_{aE} 为 31d,5～16 层(标高 12.550m～49.120m)纵向钢筋的锚固长度 l_{aE} 为 30d。如为顶层,连梁纵向钢筋伸入墙内的长度范围内,应设置间距为 150mm 的箍筋,箍筋直径与连梁跨内箍筋直径相同。

LL3(1)位于②轴线和㉔轴线上,1 跨;截面 200mm×400mm;箍筋直径为 8mm 的 Ⅰ 级钢筋,间距为 200mm,双肢箍;上部 2Φ16 通长钢筋,下部 2Φ22(角筋)+1Φ20 通长钢筋;梁两端原位标注显示,端部上部钢筋为 3Φ16,要求有一根钢筋在跨中截断,由于 LL3 两端以梁为支座,按非框架梁构造要求截断钢筋,构造要求如图 4-3-1 所示,其中纵向钢筋锚固长度 l_{aE} 为 30d。

图 4-3-1 梁配筋构造

l_{ab}—受拉钢筋的非抗震基本锚固长度;d—纵向钢筋直径;

l_n—相邻左右两跨中跨度较大一跨的跨度值;

l_{n1}—左跨的净跨值;l_{n2}—右跨的净跨值

注:当梁配有受扭纵向钢筋时,梁下部纵筋锚入支座的长度应为 l_a,在端支座直锚长度不足时可弯锚。

LL14(1)位于Ⓑ轴线上,1 跨;截面 200mm×450mm;箍筋为直径 8mm 的 HPB300 钢筋,加密区间距为 100mm,非加密区间距为 150mm,双肢箍,连梁沿梁全长箍筋的构造要求按框架梁梁端加密区箍筋构造要求采用,构造如图 4-3-2 所示,图中 h_b 为梁截面高度;上部 2Φ20 通长钢筋,下部 3Φ22 通长钢筋;梁两端原位标注显示,端部上部钢筋为 3Φ20,要求有一根钢筋在跨中截断,参考框架梁钢筋截断要求,其中一根钢筋在距梁端 1/4 静跨处截断。梁高≥450mm,需配置侧向构造钢筋,侧面构造钢筋应为剪力墙上配置水平分布筋,其在 3、4 层直径为 12mm、间距为 250mm 的 HRB400 钢筋,在 5～16 层直径为 10mm、间距为 250mm 的 HPB300 钢筋。因转换层以上两层(3、4 层)剪力墙,抗震等级为三级,以上各层抗震等级为四级,知 3、4 层(标高 6.950～12.550m)纵向钢筋伸入墙内的锚固长度 l_{aE} 为 31d,5～16 层(标高 12.550～49.120m)

图 4-3-2 梁箍筋构造

h_b—梁截面高度

纵向钢筋的锚固长度 l_{aE} 为 30d。如为顶层，连梁纵向钢筋伸入墙内的长度范围内，应设置间距为 150mm 的箍筋，箍筋直径与连梁跨内箍筋直径相同。

此外，图中梁纵、横交汇处设置附加箍筋，例如 LL3 与 LL14 交汇处，在 LL14 上设置附加箍筋 6 根直径为 16mm 的 HPB300 钢筋，双肢箍。附加箍筋构造要求如图 4-2-6（a）所示。

需要注意的是，主、次梁交汇处上部钢筋主梁在上，次梁在下。

练 习 题

1. 梁平面注写方式分为几种？

2. 梁编号如何标注？

3. 梁侧面纵向构造钢筋或受扭钢筋如何标注？

4. 如何注写井字梁？

5. 什么是梁截面注写方式？

6. 梁支座上部纵筋的长度有何特殊规定？

7. 不伸入支座的梁下部纵筋长度有何特殊规定？

8. 楼层框架梁 KL 纵向钢筋的构造措施有哪些？

9. 屋面框架梁纵向钢筋的构造措施有哪些？

10. 框架梁纵向钢筋在端支座的锚固长度是 $0.4l_{abE}+15d$。对吗？

11. 框架梁水平、竖向加腋的构造措施有哪些？

12. 附加箍筋、吊筋的构造做法是什么？

13. 侧面纵向构造钢筋及拉筋的构造做法有哪些？

5 板平法识图

5.1 板平法施工图制图规则

5.1.1 有梁楼盖平法施工图制图规则

有梁楼盖的制图规则适用于以梁（墙）为支座的楼面与屋面板平法施工图设计。

1. 有梁楼盖板平法施工图的表示方法

（1）有梁楼盖板平法施工图是在楼面板和屋面板布置图上，采用平面注写的表达方式。板平面注写主要包括板块集中标注和板支座原位标注。

（2）为方便设计表达和施工识图，规定结构平面的坐标方向如下：

1）当两向轴网正交布置时，图面从左至右为 X 向，从下至上为 Y 向；

2）当轴网转折时，局部坐标方向顺轴网转折角度做相应转折；

3）当轴网向心布置时，切向为 X 向，径向为 Y 向。

此外，对于平面布置比较复杂的区域，例如轴网转折交界区域、向心布置的核心区域等，其平面坐标方向应由设计者另行规定并且在图上明确表示。

2. 板块集中标注

（1）板块集中标注的内容包括：板块编号、板厚、上部贯通纵筋，下部纵筋，以及当板面标高不同时的标高高差。

对于普通楼面，两向均以一跨为一板块；对于密肋楼盖，两向主梁（框架梁）均以一跨为一板块（非主梁密肋不计）。所有板块应逐一编号，相同编号的板块可择其一做集中标注，其他仅注写置于圆圈内的板编号，以及当板面标高不同时的标高高差。

板块编号应符合表 5-1-1 的规定。

板块编号 表 5-1-1

板　类　型	代　　　号	序　　　号
楼面板	LB	××
屋面板	WB	××
悬挑板	XB	××

板厚注写为 $h=×××$（h 为垂直于板面的厚度）；当悬挑板的端部改变截面厚度时，用斜线分隔根部与端部的高度值，注写为 $h=×××/×××$；当设计已在图注中统一注明板厚时，此项可不注。

纵筋按板块的下部纵筋和上部贯通纵筋分别注写（当板块上部不设贯通纵筋时则不注），并以 B 代表下部纵筋，以 T 代表上部贯通纵筋，B&T 代表下部与上部；X 向纵筋以 X 打头，Y 向纵筋以 Y 打头，两向纵筋配置相同时则以 X&Y 打头。

当为单向板时，分布筋可不必注写，而在图中统一注明。

当在某些板内（例如在悬挑板 XB 的下部）配置有构造钢筋时，则 X 向以 Xc，Y 向以 Yc 打头注写。

当 Y 向采用放射配筋时（切向为 X 向，径向为 Y 向），设计者应注明配筋间距的定位尺寸。

当纵筋采用两种规格钢筋"隔一布一"方式时，表达为 $\phi xx/yy@xxx$，表示直径为 xx 的钢筋和直径为 yy 的钢筋二者之间间距为 xxx，直径 xx 的钢筋的间距为 xxx 的 2 倍，直径 yy 的钢筋的间距为 xxx 的 2 倍。

板面标高高差是指相对于结构层楼面标高的高差，应将其注写在括号内，并且有高差则注，无高差不注。

【例】 有一楼面板块注写为：

LB5 $h=110$

B：XΦ12@125；YΦ10@110

表示 5 号楼面板，板厚 110mm，板下部配置的纵筋 x 向为 Φ12@125，y 向为 Φ10@110；板上部未配置贯通纵筋。

【例】 有一楼面板块注写为：

LB5 $h=110$

B：XΦ10/12@100；YΦ10@110

表示 5 号楼面板，板厚 110mm，板下部配置的纵筋 x 向为 Φ10、Φ12 隔一布一，Φ10 与 Φ12 之间间距为 100mm；y 向为 Φ10@110；板上部未配置贯通纵筋。

【例】 有一悬挑板注写为：

XB2 $h=150/100$

B：Xc&YcΦ8@200

表示 2 号悬挑板，板根部厚 150mm，端部厚 100mm，板下部配置构造钢筋双向均为 Φ8@200（上部受力钢筋间板支座原位标注）。

（2）同一编号板块的类型、板厚和贯通纵筋均应相同，但是板面标高、跨度、平面形状以及板支座上部非贯通纵筋可以不同，如同一编号板块的平面形状可为矩形、多边形及其他形状等。施工预算时，应根据其实际平面形状，分别计算各块板的混凝土与钢材用量。

设计与施工应注意：单向或双向连续板的中间支座上部同向贯通纵筋，不应在支座位置连接或分别锚固。当相邻两跨的板上部贯通纵筋配置相同，且跨中部位有足够空间连接时，可在两跨任意一跨的跨中连接部位连接；当相邻两跨的上部贯通纵筋配置不同时，应将配置较大者越过其标注的跨数终点或起点伸至相邻跨的跨中连接区域连接。

设计应注意板中间支座两侧上部贯通纵筋的协调配置，施工及预算应按具体设计和相应标准构造要求实施。等跨与不等跨板上部贯通纵筋的连接有特殊要求时，其连接部位及方式应由设计者注明。对于梁板式转换层楼板，板下部纵筋在支座内的锚固长度不应小于 l_{aE}。当悬挑板需要考虑竖向地震作用时，下部纵筋伸入支座内长度不应小于 l_{aE}。

3. 板支座原位标注

(1) 板支座原位标注的内容包括：板支座上部非贯通纵筋和悬挑板上部受力钢筋。

板支座原位标注的钢筋，应在配置相同跨的第一跨表达（当在梁悬挑部位单独配置时则在原位表达）。在配置相同跨的第一跨（或梁悬挑部位），垂直于板支座（梁或墙）绘制一段适宜长度的中粗实线（当该筋通长设置在悬挑板或短跨板上部时，实线段应画至对边或贯通短跨），以该线段代表支座上部非贯通纵筋，并在线段上方注写钢筋编号（例如①、②等）、配筋值、横向连续布置的跨数（注写在括号内，并且当为一跨时可不注），以及是否横向布置到梁的悬挑端。

【例】（××）为连续布置的跨数，（××A）为连续布置的跨数及一端的悬挑梁部位，（××B）为连续布置的跨数及两端的悬挑梁部位。

板支座上部非贯通纵筋自支座边线向跨内的伸出长度，注写在线段的下方位置。

当中间支座上部非贯通纵筋向支座两侧对称伸出时，可仅在支座一侧线段下方标注伸出长度，另一侧不注，如图 5-1-1 所示。

当向支座两侧非对称伸出时，应分别在支座两侧线段下方注写伸出长度，如图 5-1-2 所示。

图 5-1-1 板支座上部
非贯通筋对称伸出

图 5-1-2 板支座上部
非贯通筋非对称伸出

对线段画至对边贯通全跨或贯通全悬挑长度的上部通长纵筋，贯通全跨或伸出至全悬挑一侧的长度值不注，只注明非贯通筋另一侧的伸出长度值，如图 5-1-3 所示。

当板支座为弧形，支座上部非贯通纵筋呈放射状分布时，设计者应注明配筋间距的度量位置并加注"放射分布"四字，必要时应补绘平面配筋图，如图 5-1-4 所示。

关于悬挑板的注写方式如图 5-1-5 所示。当悬挑板端部厚度不小于 150mm 时，22G101-1 图集中"悬挑板 XB 钢筋构造无支承板端部封边构造折板配筋构造"提供了"无支承板端部封边构造"，施工应按标准构造详图执行。当涉及采用与本标准构造详图不同的做法时，应另行注明。

图 5-1-3　板支座非贯通筋贯通全跨或伸出至悬挑端

图 5-1-4　弧形支座处放射配筋

图 5-1-5　悬挑板支座非贯通筋

（a）兼作相邻跨板支座上部非贯通纵筋；（b）锚固在支座内

此外，悬挑板的悬挑阳角、阴角上部放射钢筋的表示方法，如图 5-1-6、图 5-1-7 所示。

悬挑板阳角放射筋Ces引注图示(一)

图 5-1-6 悬挑板阴角附加筋 Cis 引注图示

悬挑板阳角放射筋Ces引注图示(二)

图 5-1-7 悬挑板阳角放射筋 Ces 引注图示

在板平面布置图中，不同部位的板支座上部非贯通纵筋及悬挑板上部受力钢筋，可仅在一个部位注写，对其他相同者则仅需在代表钢筋的线段上注写编号及按本条规则注写横向连续布置的跨数即可。

【例】 在板平面布置图某部位，横跨支承梁绘制的钢筋实线段上注有⑦⚏12@100（5A）和1500，表示支座上部⑦号非贯通纵筋为⚏12@100，从该跨起沿支承梁连续布置5跨加梁一端的悬挑墙，该筋自支座边线向两侧跨内的伸出长度均为1500mm。在同一板平面布置图的另一部位横跨梁支座绘制的钢筋实线段上注有⑦（2）者，系表示该筋同⑦号纵筋，沿支承梁连续布置2跨，且无梁悬挑端布置。

此外，与板支座上部非贯通纵筋垂直且绑扎在一起的构造钢筋或分布钢筋，应由设计者在图中注明。

（2）当板的上部已配置有贯通纵筋，但需增配板支座上部非贯通纵筋时，应结合已配置的同向贯通纵筋的直径与间距采取"隔一布一"方式配置。

"隔一布一"方式，为非贯通纵筋的标注间距与贯通纵筋相同，两者组合后的实际间距为各自标注间距的1/2。

【例】 板上部已配置贯通纵筋⚏12@250，该跨同向配置的上部支座非贯通纵筋为⑤⚏12@250，表示在该支座上部设置的实际纵筋为⚏12@125，其中1/2为贯通纵筋，1/2为⑤号非贯通纵筋（伸出长度值略）。

【例】 板上部已配置贯通纵筋⚏10@250，该跨配置的上部同向支座非贯通纵筋为③⚏12@250，表示该跨实际设置的上部纵筋为⚏10和⚏12间隔布置，二者之间间距为125m。

设计、施工应注意：当支座一侧设置了上部贯通纵筋（在板的集中标注中以 T 打头），而在支座另一侧仅设置了上部非贯通纵筋时，支座两侧设置的纵筋直径、间距相同，应将二者连通，避免各自在支座上部分别锚固。

4. 其他

（1）当悬挑板需要考虑竖向地震作用时，设计应注明该悬挑板纵向钢筋抗震锚固长度按何种抗震等级。

（2）板上部纵向钢筋在端支座（梁、剪力墙顶）的锚固要求，22G101-1 图集标准构造详图中规定：当设计按铰接时，平直段伸至端支座对边后弯折，且平直段长度 $\geqslant$ $0.35l_{ab}$，弯折段投影长度 $12d$（d 为纵向钢筋直径）；当充分利用钢筋的抗拉强度时，平直段伸至端支座对边后弯折，且平直段长度 $\geqslant 0.6l_{ab}$，弯折段投影长度 $12d$。设计者应在平法施工图中注明采用何种构造，当多数采用同种构造时可在图注中写明，并将少数不同之处在图中注明。

（3）板支承在剪力墙顶的端节点，当设计考虑墙外侧竖向钢筋与板上部纵向受力钢筋搭接传力时，应满足搭接长度要求，设计者应在平法施工图中注明。

（4）板纵向钢筋的连接可采用绑扎搭接、机械连接或焊接，其连接位置详见 16G101-1 图集中相应的标准构造详图。当板纵向钢筋采用非接触方式的搭接连接时，其搭接部位的钢筋净距不宜小于 30mm，且钢筋中心距不应大于 $0.2l_l$ 及 150mm 的较小者。

注：非接触搭接使混凝土能够与搭接范围内所有钢筋的全表面充分粘结，可以提高搭接钢筋之间通过混凝土传力的可靠度。

（5）采用平面注写方式表达的楼面板平法施工图示例，如图 5-1-8 所示。

注：未注明分布筋为Φ8@250。

注：1.可在"结构层楼面标高、结构层高"表中增加混凝土强度等级等栏目。

2.横向粗线表示本页板平法施工图中的楼面标高为5～8层楼面标高：15.870m、19.470m、23.070m、26.670m。

图 5-1-8　有梁楼盖平法施工图示例

5.1.2 无梁楼盖平法施工图制图规则

1. 无梁楼盖平法施工图的表示方法

（1）无梁楼盖平法施工图是在楼面板和屋面板布置图上，采用平面注写的表达方式。

（2）板平面注写主要有板带集中标注、板带支座原位标注两部分内容。

2. 板带集中标注

（1）集中标注应在板带贯通纵筋配置相同跨的第一跨（X 向为左端跨，Y 向为下端跨）注写。相同编号的板带可择其一做集中标注，其他仅注写板带编号（注在圆圈内）。

板带集中标注的具体内容为：板带编号，板带厚及板带宽和贯通纵筋。

板带编号应符合表 5-1-2 的规定。

板带编号　　　　　　　　　　　　表 5-1-2

板带类型	代　号	序　号	跨数及有无悬挑
柱上板带	ZSB	××	(××)、(××A)或(××B)
跨中板带	KZB	××	(××)、(××A)或(××B)

注：1. 跨数按柱网轴线计算（两相邻柱轴线之间为一跨）。
　　2.（××A）为一端有悬挑，（××B）为两端有悬挑，悬挑不计入跨数。

板带厚注写为 $h=×××$，板带宽注写为 $b=×××$。当无梁楼盖整体厚度和板带宽度已在图中注明时，此项可不注。

贯通纵筋按板带下部和板带上部分别注写，并以 B 代表下部，T 代表上部，B&T 代表下部和上部。当采用放射配筋时，设计者应注明配筋间距的度量位置，必要时补绘配筋平面图。

【例】　有一板带注写为：ZSB2（5A）　$h=300$　$b=3000$

BΦ16@100；TΦ18@200

系表示 2 号柱上板带，有 5 跨且一端有悬挑；板带厚 300mm，宽 300mm；板带配置贯通纵筋下部为 Φ16@100，上部为 Φ18@200。

设计与施工应注意：相邻等跨板带上部贯通纵筋应在跨中 1/3 净跨长范围内连接；当同向连续板带的上部贯通纵筋配置不同时，应将配置较大者越过其标注的跨数终点或起点伸至相邻跨的跨中连接区域连接。

设计应注意板带中间支座两侧上部贯通纵筋的协调配置，施工及预算应按具体设计和相应标准构造要求实施。等跨与不等跨板上部贯通纵筋的连接构造要求见相关标准构造详图；当具体工程对板带上部纵向钢筋的连接有特殊要求时，其连接部位及方式应由设计者注明。

（2）当局部区域的板面标高与整体不同时，应在无梁楼盖的板平法施工图上注明板面标高高差及分布范围。

3. 板带支座原位标注

（1）板带支座原位标注的具体内容为：板带支座上部非贯通纵筋。

以一段与板带同向的中粗实线段代表板带支座上部非贯通纵筋；对柱上板带，实线段贯穿柱上区域绘制；对跨中板带，实线段横贯柱网轴线绘制。在线段上注写钢筋编号（例如①、②等）、配筋值及在线段的下方注写自支座中线向两侧跨内的伸出长度。

当板带支座非贯通纵筋自支座中线向两侧对称伸出时，其伸出长度可仅在一侧标注；当配置在有悬挑端的边柱上时，该筋伸出到悬挑尽端，设计不注。当支座上部非贯通纵筋呈放射分布时，设计者应注明配筋间距的定位位置。

不同部位的板带支座上部非贯通纵筋相同者，可仅在一个部位注写，其余则在代表非贯通纵筋的线段上注写编号。

【例】 设有平面布置图的某部位，在横跨板带支座绘制的对称线段上注有⑦Φ18@250，在线段一侧的下方注有 1500，系表示支座上部⑦号非贯通纵筋为Φ18@250，自支座中线向两侧跨内的伸出长度均为 1500mm。

（2）当板带上部已经配有贯通纵筋，但需增加配置板带支座上部非贯通纵筋时，应结合已配同向贯通纵筋的直径与间距，采取"隔一布一"的方式配置。

【例】 设有一板带上部已配置贯通纵筋Φ18@250，板带支座上部非贯通纵筋为⑤Φ18@250，则板带在该位置实际配置的上部纵筋为Φ18@125，其中 1/2 为贯通纵筋，1/2 为⑤号非贯通纵筋（伸出长度略）。

【例】 设有一板带上部已配置贯通纵筋Φ18@250，板带支座上部非贯通纵筋为③Φ20@250，则板带在该位置实际配置的上部纵筋为Φ18 和Φ20 间隔布置，二者之间间距为125mm（伸出长度略）。

4. 暗梁的表示方法

（1）暗梁平面注写包括暗梁集中标注、暗梁支座原位标注两部分内容。施工图中在柱轴线处画中粗虚线表示暗梁。

（2）暗梁集中标注包括暗梁编号、暗梁截面尺寸（箍筋外皮宽度×板厚）、暗梁箍筋、暗梁上部通长筋或架立筋四部分内容。暗梁编号应符合表 5-1-3 的规定，其他注写方式详见 4.1.2 平面注写方式第（3）条。

暗梁编号 表 5-1-3

构件类型	代　号	序　号	跨数及有无悬挑
暗梁	AL	××	(××)、(××A)或(××B)

注：1. 跨数按柱网轴线计算（两相邻柱轴线之间为一跨）。
　　2. (××A) 为一端有悬挑，(××B) 为两端有悬挑，悬挑不计入跨数。

（3）暗梁支座原位标注包括梁支座上部纵筋、梁下部纵筋。当在暗梁上集中标注的内容不适用于某跨或某悬挑端时，则将其不同数值标注在该跨或该悬挑端，施工时按原位注写取值。注写方式详见 4.1.2 平面注写方式第（4）条。

（4）当设置暗梁时，柱上板带及跨中板带标注方式与第 2、3 条一致。柱上板带标注的配筋仅设置在暗梁之外的柱上板带范围内。

（5）暗梁中纵向钢筋连接、锚固及支座上部纵筋的伸出长度等要求同轴线处柱上板带中纵向钢筋。

5. 其他

（1）当悬挑板需要考虑竖向地震作用时，设计应注明该悬挑板纵向钢筋抗震锚固长度按何种抗震等级。

（2）无梁楼盖板纵向钢筋的锚固和搭接需满足受拉钢筋的要求。

（3）无梁楼盖跨中板带上部纵向钢筋在梁端支座的锚固要求，22G101-1图集标准构造详图中规定：当设计按铰接时，平直段伸至端支座对边后弯折，且平直段长度$\geqslant$ 0.35l_{ab}，弯折段投影长度12d（d为纵向钢筋直径）；当充分利用钢筋的抗拉强度时，直段伸至端支座对边后弯折，且平直段长度$\geqslant$0.6l_{ab}，弯折段投影长度12d。设计者应在平法施工图中注明采用何种构造，当多数采用同种构造时可在图注中写明，并将少数不同之处在图中注明。

（4）无梁楼盖跨中板带支承在剪力墙顶的端节点，当板上部纵向钢筋充分利用钢筋的抗拉强度时（锚固在支座中），直段伸至端支座对边后弯折，且平直段长度$\geqslant$0.6l_{ab}，弯折段投影长度12d；当设计考虑墙外侧竖向钢筋与板上部纵向受力钢筋搭接传力时，应满足搭接长度要求；设计者应在平法施工图中注明采用何种构造，当多数采用同种构造时可在图注中写明，并将少数不同之处在图中注明。

（5）板纵向钢筋的连接可采用绑扎搭接、机械连接或焊接，其连接位置详见22G101-1图集中相应的标准构造详图。当板纵向钢筋采用非接触方式的绑扎搭接连接时，其搭接部位的钢筋净距不宜小于30mm，且钢筋中心距不应大于0.2l_l及150mm的较小者。

注：非接触搭接使混凝土能够与搭接范围内所有钢筋的全表面充分粘结，可以提高搭接钢筋之间通过混凝土传力的可靠度。

（6）无梁楼盖的板平法制图规则，同样适用于地下室内无梁楼盖的平法施工图设计。

（7）采用平面注写方式表达的无梁楼盖柱上板带、跨中板带及暗梁标注图示，如图5-1-9所示。

图 5-1-9　无梁楼盖平法施工图示例
（板厚均为×××）

5.1.3 楼板相关构造制图规则

1. 楼板相关构造类型与表示方法

（1）楼板相关构造的平法施工图设计是在板平法施工图上采用直接引注方式表达。

（2）楼板相关构造编号应符合表 5-1-4 的规定。

楼板相关构造类型与编号 表 5-1-4

构造类型	代号	序号	说明
纵筋加强带	JQD	××	以单向加强纵筋取代原位置配筋
后浇带	HJD	××	有不同的留筋方式
柱帽	ZM×	××	适用于无梁楼盖
局部升降板	SJB	××	板厚及配筋与所在板相同；构造升降高度≤300mm
板加腋	JY	××	腋高与腋宽可选注
板开洞	BD	××	最大边长或直径<1m；加强筋长度有全跨贯通和自洞边锚固两种
板翻边	FB	××	翻边高度≤300mm
角部加强筋	Crs	××	以上部双向非贯通加强钢筋取代原位置的非贯通配筋
悬挑板阴角附加筋	Cis	××	板悬挑阴角上部斜向附加钢筋
悬挑板阳角放射筋	Ces	××	板悬挑阳角上部放射筋
抗冲切箍筋	Rh	××	通常用于无柱帽无梁楼盖的柱顶
抗冲切弯起筋	Rb	××	通常用于无柱帽无梁楼盖的柱顶

2. 楼板相关构造直接引注

（1）纵筋加强带 JQD 的引注

纵筋加强带的平面形状及定位由平面布置图表达，加强带内配置的加强贯通纵筋等由引注内容表达。

纵筋加强带设单向加强贯通纵筋，取代其所在位置板中原配置的同向贯通纵筋。根据受力需要，加强贯通纵筋可在板下部配置，也可在板下部和上部均设置。纵筋加强带的引注如图 5-1-10 所示。

图 5-1-10 纵筋加强带 JQD 引注图示

当板下部和上部均设置加强贯通纵筋，而板带上部横向无配筋时，加强带上部横向配筋应由设计者注明。

当将纵筋加强带设置为暗梁型式时应注写箍筋，其引注如图 5-1-11 所示。

图 5-1-11　纵筋加强带 JQD 引注图示（暗梁形式）

（2）后浇带 HJD 的引注

后浇带的平面形状以及定位由平面布置图表达，后浇带留筋方式等由引注内容表达，主要包括：

1）后浇带编号以及留筋方式代号。22G101-1 图集提供了贯通留筋（代号 GT）和 100% 搭接留筋（代号 100%）两种留筋方式。

贯通留筋的后浇带宽度通常取大于或等于 800mm；100% 搭接留筋的后浇带宽度通常取 800mm 与（l_l+60mm 或 l_{lE}+60mm）的较大值（l_l、l_{lE} 分别为受拉钢筋的搭接长度、受拉钢筋抗震搭接长度）。

2）后浇混凝土的强度等级 C××。宜采用补偿收缩混凝土，设计应注明相关施工要求。

3）当后浇带区域留筋方式或后浇混凝土强度等级不一致时，设计者应在图中注明与图示不一致的部位及做法。

后浇带引注如图 5-1-12 所示。

（3）柱帽 ZM× 的引注

柱帽 ZM× 的引注如图 5-1-13～图 5-1-16 所示。柱帽的平面形状包括矩形、圆形或多边形等，其平面形状由平面布置图表达。

柱帽的立面形状有单倾角柱帽 ZMa、托板柱帽 ZMb、变倾角柱帽 ZMc 和倾角托板柱帽 ZMab 等，如图 5-1-13～图 5-1-16 所示，其立面几何尺寸和配筋由具体的引注内容表达。图中 c_1、c_2 当 X、Y 方向不一致时，应标注（$c_{1,X}$，$c_{1,Y}$）、（$c_{2,X}$，$c_{2,Y}$）。

（4）局部升降板 SJB 的引注

局部升降板 SJB 的引注如图 5-1-17 所示。局部升降板的平面形状及定位由平面布置图表达，其他内容由引注内容表达。

图 5-1-12　后浇带 HJD 引注图示

图 5-1-13　单倾角柱帽 ZMa 引注图示

图 5-1-14　托板柱帽 ZMb 引注图示

图 5-1-15 变倾角柱帽 ZMc 引注图示

图 5-1-16 倾角托板柱帽 ZMab 引注图示

图 5-1-17 局部升降板 SJB 引注图示

　　局部升降板的板厚、壁厚和配筋，在标准构造详图中取与所在板块的板厚和配筋相同，设计不注；当采用不同板厚、壁厚和配筋时，设计应补充绘制截面配筋图。

　　局部升降板升高与降低的高度，在标准构造详图中限定为小于或等于 300mm；当高度大于 300mm 时，设计应补充绘制截面配筋图。

设计应注意：局部升降板的下部与上部配筋均应设计为双向贯通纵筋。

（5）板加腋 JY 的引注

板加腋 JY 的引注如图 5-1-18 所示。板加腋的位置与范围由平面布置图表达，腋宽、腋高及配筋等由引注内容表达。

当为板底加腋时腋线应为虚线，当为板面加腋时腋线应为实线；当腋宽与腋高同板厚时，设计不同注明。加腋配筋按标准构造详图，设计不用注明；当加腋配筋与标准构造不同时，设计应补充绘制截面配筋图。

图 5-1-18　板加腋 JY 引注图示

（6）板开洞 BD 的引注

板开洞 BD 的引注如图 5-1-19 所示。板开洞的平面形状及定位由平面布置图表达，洞的几何尺寸等由引注内容表达。

图 5-1-19　板开洞 BD 引注图示

当矩形洞口边长或圆形洞口直径小于等于 1000mm，并且当洞边无集中荷载作用时，洞边补强钢筋可按标准构造的规定设置，设计不注；当洞口周边加强钢筋不伸至支座时，应在图中画出所有加强钢筋，并且标注不伸至支座的钢筋长度。当具体工程所需的补强钢筋与标准构造不同时，设计应加以注明。

当矩形洞口边长或圆形洞口直径大于 1000mm，或虽小于等于 1000mm、但洞边有集中荷载作用时，设计应根据具体情况采取相应的处理措施。

（7）板翻边 FB 的引注

板翻边 FB 的引注如图 5-1-20 所示。板翻边可为上翻也可为下翻，翻边尺寸等在引注内容中表达，翻边高度在标准构造详图中为小于或等于 300mm。当翻边高度大于 300mm 时，由设计者自行处理。

图 5-1-20 板翻边 FB 引注图示

（8）角部加强筋 Crs 的引注

角部加强筋 Crs 的引注如图 5-1-21 所示。角部加强筋一般用于板块角区的上部，根据规范规定的受力要求选择配置。角部加强筋将在其分布范围内取代原配置的板支座上部非贯通纵筋，且当其分布范围内配有板上部贯通纵筋时则间隔布置。

图 5-1-21 角部加强筋 Crs 引注图示

【例】 注写 Crs1 Φ8@200 1500，系表示板块配置 1 号角部加强筋，配筋Φ8@200，加强筋从支座边向跨内伸出长度为 1500mm。

（9）悬挑板阳角附加筋 Ces 的引注

悬挑板阳角附加筋 Ces 的引注如图 5-1-6 所示。

（10）悬挑板阴角附加筋 Cis 的引注

悬挑板阴角附加筋 Cis 的引注如图 5-1-7 所示。悬挑板阴角附加筋是指在悬挑板的阴角部位斜放的附加钢筋，该附加钢筋设置在板上部悬挑受力钢筋的下面，自阴角位置向内分布。

设计、施工应注意：22G101-1 图集标准构造详图"板内纵筋加强带 JQD 构造悬挑板阴角构造"提供了两种悬挑板阴角构造做法。当实际未标注悬挑板阴角附加筋时，施工应按悬挑板阴角构造（一）执行。

（11）抗冲切箍筋 Rh 的引注

抗冲切箍筋 Rh 的引注如图 5-1-22 所示。抗冲切箍筋一般在无柱帽无梁楼盖的柱顶部位设置。

（12）抗冲切弯起筋 Rb 的引注

抗冲切弯起筋 Rb 的引注如图 5-1-23 所示。抗冲切弯起筋一般也在无柱帽无梁楼盖的柱顶部位设置。

图 5-1-22　抗冲切箍筋 Rh 引注图示

图 5-1-23　抗冲切弯起筋 Rb 引注图示

3. 其他

22G101-1 图集未包括的其他构造，应由设计者根据具体工程情况按照规范要求进行设计。

5.2　板标准构造详图

5.2.1　楼面板与屋面板钢筋构造

有梁楼盖楼面板 LB 和屋面板 WB 钢筋构造如图 5-2-1 所示。

（1）当相邻等跨或不等跨的上部贯通纵筋配置不同时，应将配置较大者越过其标注的跨数终点或起点伸出至相邻跨的跨中连接区域连接。

（2）除图 5-2-1 所示搭接连接外，板纵筋可采用机械连接或焊接连接。接头位置：上部钢筋如图 5-2-1 所示连接区，下部钢筋宜在距支座 1/4 净跨内。

（3）板贯通纵筋的连接要求见 22G101-1 图集第 60 页，并且同一连接区段内钢筋接头百分率不宜大于 50%。不等跨板上部贯通纵筋连接构造详见图 5-2-4。

图 5-2-1 有梁楼盖楼面板 LB 和屋面板 WB 钢筋构造
（括号内的锚固长度 l_{aE} 用于梁板式转换层的板）

l_n—水平跨净跨值；l_l—纵向受拉钢筋非抗震绑扎搭接长度；l_{aE}—受拉钢筋抗震锚固长度；d—受拉钢筋直径

（$30+d \leqslant a < 0.2l_l$ 及 150 的较小值）

图 5-2-2 纵向钢筋非接触搭接构造

（4）当采用非接触方式的绑扎搭接连接时，要求见图 5-2-2。

1）在搭接范围内，相互搭接的纵筋与横向钢筋的每个交叉点均应进行绑扎。

2）抗裂构造钢筋、抗温度筋自身及其与受力主筋搭接长度为 l_l。

3）板上下贯通筋可兼作抗裂构造筋和抗温度筋。当下部贯通筋兼作抗温度钢筋时，其在支座的锚固由设计者确定。

4）分布筋自身及与受力主筋、构造钢筋的搭接长度为 150mm；当分布筋兼作抗温度筋时，其自身及与受力主筋，构造钢筋的搭接长度为 l_l；其在支座的锚固按受拉要求考虑。

（5）板位于同一层面的两向交叉纵筋何向在下何向在上，应按具体设计说明。

（6）图 5-2-1 中板的中间支座均按梁绘制，当支座为混凝土剪力墙时，其构造相同。

5.2.2 楼面板与屋面板端部钢筋构造

有梁楼盖楼面板与屋面板在端部支座的锚固构造要求如图 5-2-3、图 5-2-4 所示。

（1）图 5-2-3 中（a）、（b）纵筋在端支座应伸至梁支座外侧纵筋内侧后弯折 15d，当平直段长度分别 $\geqslant l_a$、$\geqslant l_{aE}$ 时可不弯折。

（2）图中"设计按铰接时"、"充分利用钢筋的抗拉强度时"由设计指定。

（3）梁板式转换层的板中 l_{abE}、l_{aE} 按抗震等级四级取值，设计也可根据实际工程情况另行指定。

5.2.3 有梁楼盖不等跨板上部贯通纵筋连接构造

有梁楼盖不等跨板上部贯通纵筋连接构造如图 5-2-5 所示。

图 5-2-3 板在端部支座的锚固构造 (一)

（a）普通楼层面板；（b）梁板式转换层的楼面板

(括号内的数值用于梁板式转换层的板,当板下部纵筋直锚长度不足时,可弯锚)

(a)

(b)

图 5-2-4 板在端部支座的锚固构造 (二)

（a）端部支座为剪力墙中间层；（b）端部支座为剪力墙墙顶

l_{ab}—受拉钢筋的非抗震基本锚固长度；l_{abE}—受拉钢筋抗震基本锚固长度；

d—受拉钢筋直径；l_{aE}—受拉钢筋的抗震锚固长度

5.2.4 有梁楼盖悬挑板钢筋构造

1. 悬挑板钢筋构造

悬挑板钢筋构造如图 5-2-6 所示。

图 5-2-5 不等跨板上部贯通纵筋连接构造

（当钢筋足够长时能通则通）

（a）不等跨板上部贯通纵筋连接构造（一）；

（b）不等跨板上部贯通纵筋连接构造（二）；

（c）不等跨板上部贯通纵筋连接构造（三）

l'_{nX}—轴线 A 左右两跨的较大净跨度值；l'_{nY}—轴线 C 左右两跨的较大净跨度值

2. 板翻边构造

板翻边构造如图 5-2-7 所示。

3. 悬挑板阳角放射筋构造

悬挑板阳角放射筋构造如图 5-2-8 所示。

5.2.5 无梁楼盖柱上板带与跨中板带纵向钢筋构造

无梁楼盖柱上板带与跨中板带纵向钢筋构造如图 5-2-9 所示。

（1）当相邻等跨或不等跨的上部贯通纵筋配置不同时，应将配置较大者越过其标注的跨数终点或起点伸出至相邻跨的跨中连接区域连接。

（2）板贯通纵筋的连接要求详见 22G101-1 图集第 60 页纵向钢筋连接构造，且同一连接区段内钢筋接头百分率不宜大于 50%。不等跨板上部贯通纵筋连接构造如图 5-2-4 所示。当采用非接触方式的绑扎搭接连接时，具体构造要求如图 5-2-2 所示。

图 5-2-6　悬挑板 XB 钢筋构造

l_{ab}—受拉钢筋的非抗震基本锚固长度；d—受拉钢筋直径；l_{aE}—受拉钢筋抗震
锚固长度；l_{abE}—受拉钢筋抗震基本锚固长度；l_a—受拉钢筋非抗震锚固长度；

图 5-2-7　板翻边 FB 构造

l_a—受拉钢筋的非抗震锚固长度

（3）板贯通纵筋在连接区域内也可采用机械连接或焊接连接。

（4）板各部位同一层面的两向交叉纵筋何向在下、何向在上，应按具体设计说明。

（5）图 5-2-9 构造同样适用于无柱帽的无梁楼盖。

（6）板带端支座与悬挑端的纵向钢筋构造见表 5-2-1。

（7）无梁楼盖柱上板带内贯通纵筋搭接长度应为 l_{lE}。无柱帽柱上板带的下部贯通纵筋，宜在距柱面 2 倍板厚以外连接，采用搭接时钢筋端部宜设置垂直于板面的弯钩（弯钩末端距离板面一倍保护层厚度）。

5.2.6　板带端支座、板带悬挑端纵向钢筋构造及柱上板带暗梁钢筋构造

板带端支座、板带悬挑端纵向钢筋构造及柱上板带暗梁钢筋构造见表 5-2-1。

图 5-2-8 悬挑板阳角放射筋 Ces 构造

l_x—水平向跨度值；l_y—竖直向跨度值；l_{ab}—受拉钢筋的非抗震基本锚固长度；l_a—受拉钢筋的非抗震锚固长度；s—放射筋布筋范围；a—竖直向悬挑板上部受力筋间距；b—水平向悬挑板上部受力筋间距

图 5-2-9 无梁楼盖柱上板带与跨中板带纵向钢筋构造（板带上部非贯通纵筋向跨内伸出长度按设计标注）

(a) 柱上板带 ZSB 纵向钢筋构造；(b) 跨中板带 KZB 纵向钢筋构造

板带端支座、板带悬挑端纵向钢筋构造及柱上板带暗梁钢筋构造　　　表 5-2-1

名称	构 造 图	构 造 说 明
板带端支座纵向钢筋构造（一）		字母释义： $l_{abE}(l_{ab})$——受拉钢筋的基本锚固长度，抗震设计时锚固长度用 l_{abE} 表示，非抗震设计用 l_{ab} 表示； d——纵向钢筋直径； h——板带厚度； $l_{lE}(l_l)$——受拉钢筋绑扎搭接长度，抗震设计时锚固长度用 l_{lE} 表示，非抗震设计用 l_l 表示。 构造图解析： （1）本表中板带支座纵向钢筋构造、板带悬挑端纵向钢筋构造同样适用于无柱帽的无梁楼盖。 （2）其余要求见本章 5.2.5 无梁楼盖柱上板带与跨中板带纵向钢筋构造。 （3）图中"设计按铰接时"、"充分利用钢筋的抗拉强度时"由设计指定。 （4）板带端支座纵向钢筋构造（二）跨中板带与剪力墙墙顶连接时，(a)、(b)做法由设计指定
板带端支座纵向钢筋构造（二）		

续表

名　称	构　造　图	构 造 说 明
板带悬挑端纵向钢筋构造		字母释义： $l_{abE}(l_{ab})$——受拉钢筋的基本锚固长度，抗震设计时锚固长度用 l_{abE} 表示，非抗震设计用 l_{ab} 表示； d——纵向钢筋直径； h——板带厚度； $l_{lE}(l_l)$——受拉钢筋绑扎搭接长度，抗震设计时锚固长度用 l_{lE} 表示，非抗震设计用 l_l 表示。 构造图解析： (1)本表中板带端支座纵向钢筋构造、板带悬挑端纵向钢筋构造同样适用于无柱帽的无梁楼盖。 (2)其余要求见本章5.2.5 无梁楼盖柱上板带与跨中板带纵向钢筋构造。 (3)图中"设计按铰接时"、"充分利用钢筋的抗拉强度时"由设计指定。 (4)板带端支座纵向钢筋构造(二)跨中板带与剪力墙墙顶连接时，(a)、(b)做法由设计指定
柱上板带暗梁钢筋构造		

5.3 板平法施工图识读实例

5.3.1 现浇板施工图的主要内容

现浇板施工图主要包括以下内容：

（1）图名和比例。

（2）定位轴线及其编号应与建筑平面图一致。

（3）现浇板的厚度和标高。

（4）现浇板的配筋情况。

（5）必要的设计详图和说明。

5.3.2 现浇板施工图的识读步骤

现浇板施工图的识读步骤如下：

（1）查看图名、比例。

（2）校核轴线编号及其间距尺寸，要求必须与建筑图、梁平法施工图保持一致。

（3）阅读结构设计总说明或图纸说明，明确现浇板的混凝土强度等级及其他要求。

（4）明确现浇板的厚度和标高。

（5）明确现浇板的配筋情况，并参阅说明，了解未标注的分布钢筋情况等。

识读现浇板施工图时，应注意现浇板钢筋的弯钩方向，以便确定钢筋是在板的底部还是顶部。

需要特别强调的是，应分清板中纵横方向钢筋的位置关系。对于四边整浇的混凝土矩形板，由于力沿短边方向传递的多，下部钢筋一般是短边方向钢筋在下，长边方向钢筋在上，而上部钢筋正好相反。

5.3.3 现浇板施工图实例

图 5-3-1 为××工程现浇板施工图，设计说明见表 5-3-1。

标准层顶板配筋平面图设计说明 表 5-3-1

说明：

1. 混凝土等级 C30，钢筋采用 HPB300(Φ)，HRB400(Φ)
2. ▨所示范围为厨房或卫生间顶板，板顶标高为建筑标高 −0.080m，其他部位板顶标高为建筑标高 −0.050m，降板钢筋构造见 22G101-1 图集
3. 未注明板厚均为 110mm
4. 未注明钢筋的规格均为 8@140

从中我们可以了解以下内容：

图 5-3-1 图名为××工程标准层顶板配筋平面图，绘制比例为 1：100。

图 5-3-1 标准层顶板配筋平面图

轴线编号及其间距尺寸，与建筑图、梁平法施工图一致。

根据图纸说明知，板的混凝土强度等级为 C30。

板厚度有 110mm 和 120mm 两种，具体位置和标高如图。

以左下角房间为例，说明配筋：

下部：下部钢筋弯钩向上或向左，受力钢筋为Φ8@140（直径为 8mm 的 HPB300 钢筋，间距为 140mm）沿屋纵向布置，横向布置钢筋同样为Φ8@140，纵向（房间短向）钢筋在下，横向（房间长向）钢筋在上。

上部：上部钢筋弯钩向下或向右，与墙相交处有上部构造钢筋，①轴处沿房屋纵向设Φ8@140（未注明，根据图纸说明配置），伸出墙外 1020mm；②轴处沿房屋纵向设Φ12@200，伸出墙外 1210mm；Ⓑ轴处沿房屋横向设Φ8@140，伸出墙外 1020mm；Ⓒ轴处沿房屋横向设Φ12@200，伸出墙外 1080mm。上部钢筋作直钩顶在板底。

根据 22G101-1 图集，有梁楼盖现浇板的钢筋锚固和降板钢筋构造如图 5-2-1、图 5-2-3（b）和图 5-3-2 所示，其中 HPB300 钢筋末端作 180°弯钩，在 C30 混凝土中 HPB300 钢筋和 HRB400 钢筋的锚固长度 l_a 分别为 24d 和 30d。

图 5-3-2　局部升降板构造

l_a—钢筋的非抗震锚固长度；h—板厚

练 习 题

1. 如何进行有梁楼盖板的板块集中标注？

2. 有梁楼盖楼面板 LB 和屋面板 WB 钢筋构造如何？

3. 有梁楼盖楼面板与屋面板在端部支座的锚固构造做法有哪些？

4. 有梁楼盖不等跨板上部贯通纵筋连接构造做法有哪些？

5. 板翻边 FB 构造做法是什么？

6. 板带端支座、板带悬挑端纵向钢筋构造及柱上板带暗梁钢筋构造做法有哪些？

7. 后浇带 HJD 的引注方式如何？

8. 简述暗梁的表示方法。

9. 局部升降板 SJB 的引注方式如何？

10. 悬挑板阳角放射筋构造做法有哪些？

6 板式楼梯平法识图

6.1 板式楼梯简介

6.1.1 楼梯的分类

从结构上划分，现浇混凝土楼梯可以分为板式楼梯、梁式楼梯、悬挑楼梯和旋转楼梯等。

1. 板式楼梯

板式楼梯的踏步段是一块斜板，这块踏步段斜板支承在高端梯梁和低端梯梁上，或者直接与高端平板和低端平板连成一体。

2. 梁式楼梯

梁式楼梯踏步段的左右两侧是两根楼梯斜梁，把踏步板支承在楼梯斜梁上；这两根楼梯斜梁支承在高端梯梁和低端梯梁上。这些高端梯梁和低端梯梁通常都是两端支承在墙或者柱上。

3. 悬挑楼梯

悬挑楼梯的梯梁一端支承在墙或者柱上，形成悬挑梁的结构，踏步板支承在梯梁上。也有的悬挑楼梯直接把楼梯踏步直接做成悬挑板（一端支承在墙或者柱上）。

4. 旋转楼梯

旋转楼梯采用围绕一个轴心螺旋上升的做法。它往往与悬挑楼梯相结合，作为旋转中心的柱就是悬挑踏步板的支座，楼梯踏步围绕中心柱形成一个螺旋向上的踏步形式。

6.1.2 板式楼梯所包含的构件内容

板式楼梯所包含的构件内容一般有踏步段、层间梯梁、层间平板、楼层梯梁和楼层平板等，如图 6-1-1 所示。

1. 踏步段

任何楼梯都包含踏步段。每个踏步的高度和宽度应该相等。根据"以人为本"的设计原则，每个踏步的宽度和高度一般以上下楼梯舒适为准，例如，踏步高度为 150mm，踏步宽度为 280mm。而每个踏步的高度和宽度之比，决定了整个踏步段斜板的斜率。

2. 层间平板

楼梯的层间平板就是人们常说的"休息平台"。在 22G101-2 图集中，"两跑楼梯"包含层间平板，而"一跑楼梯"不包含层间平板。在这种情况下，楼梯间内部的层间平板就应该另行按"平板"进行计算。

3. 层间梯梁

楼梯的层间梯梁起到支承层间平板和踏步段的作用。22G101-2 图集的"一跑楼梯"

图 6-1-1　板式楼梯

需要有层间梯梁的支承，但是一跑楼梯本身不包含层间梯梁，所以在计算钢筋时，需要另行计算层间梯梁的钢筋。22G101-2 图集的"两跑楼梯"没有层间梯梁，其高端踏步段斜板和低端踏步段斜板直接支承在层间平板上。

4. 楼层梯梁

楼梯的楼层梯梁起到支承楼层平板和踏步段的作用。22G101-2 图集的"一跑楼梯"需要有楼层梯梁的支承，但是一跑楼梯本身不包含楼层梯梁，所以在计算钢筋时，需要另行计算楼层梯梁的钢筋。22G101-2 图集的"两跑楼梯"分为两类：FT 没有楼层梯梁，其高端踏步段斜板和低端踏步段斜板直接支承在楼层平板上；GT 需要有楼层梯梁的支承，但是这两种楼梯本身不包含楼层梯梁，所以在计算钢筋时，需要另行计算楼层梯梁的钢筋。

5. 楼层平板

楼层平板就是每个楼层中连接楼层梯梁或踏步段的平板，但是，并不是所有楼梯间都包含楼层平板的。22G101-2 图集的"两跑楼梯"中的 FT 包含楼层平板；而"两跑楼梯"中的 GT，以及"一跑楼梯"不包含楼层平板，在计算钢筋时，需要另行计算楼层平板的钢筋。

6.2　板式楼梯平法施工图制图规则

6.2.1　现浇混凝土板式楼梯平法施工图的表示方法

（1）现浇混凝土板式楼梯平法施工图包括平面注写、剖面注写和列表注写三种表达方式，设计者可根据工程具体情况任选一种。

22G101-2 图集制图规则主要表述梯板的表达方式，与楼梯相关的平台板、梯梁、梯柱的注写方式参见 22G101-1 图集。

（2）楼梯平面布置图，应按照楼梯标准层，采用适当比例集中绘制，需要时绘制其剖面图。

（3）为方便施工，在集中绘制的板式楼梯平法施工图中，应当用表格或其他方式注明各结构层的楼面标高、结构层高及相应的结构层号。

6.2.2　楼梯类型

（1）22G101-2 图集楼梯包含 14 种类型，见表 6-2-1。各梯板截面形状与支座位置如

图 6-2-1~图 6-2-6 所示。

图 6-2-1 AT、BT 型楼梯截面形状与支座位置示意图

（a）AT 型；（b）BT 型

图 6-2-2 CT、DT 型楼梯截面形状与支座位置示意图

（a）CT 型；（b）DT 型

(a)   (b)

图 6-2-3   ET、FT 型楼梯截面形状与支座位置示意图

（a）ET 型；（b）FT 型（有层间和楼层平台板的双跑楼梯）

图 6-2-4   GT 型楼梯截面形状与支座位置示意图

GT 型（有层间平台板的双跑楼梯）

图 6-2-5　ATa、ATb、ATc 型楼梯截面形状与支座位置示意图

（*a*）ATa 型；（*b*）ATb 型；（*c*）ATc 型

图 6-2-6　BTb、DTb 型楼梯截面形状与支座位置示意图

（*a*）BTb 型；（*b*）DTb 型

图 6-2-7 CTa、CTb 型楼梯截面形状与支座位置示意图

(a) CTa 型；(b) CTb 型

楼梯类型   表 6-2-1

梯板代号	适用范围		是否参与结构整体抗震计算	示意图
	抗震构造措施	适用结构		
AT	无	剪力墙、砌体结构	不参与	图 6-2-1
BT				
CT	无	剪力墙、砌体结构	不参与	图 6-2-2
DT				
ET	无	剪力墙、砌体结构	不参与	图 6-2-3
FT				
GT	无	剪力墙、砌体结构	不参与	图 6-2-4
ATa	有	框架结构、框架-剪力墙结构中框架部分	不参与	图 6-2-5
ATb			不参与	
ATc			参与	
BTb	有	框架结构、框架-剪力墙结构中框架部分	不参与	图 6-2-6
CTa	有	框架结构、框架-剪力墙结构中框架部分	不参与	图 6-2-7
CTb				
DTb	有	框架结构、框架-剪力墙结构中框架部分	不参与	图 6-2-6

注：ATa、CTa 低端带滑动支座支承在梯梁上；ATb、BTb、CTb、DTb 低端带滑动支座支承在挑板上。

（2）楼梯注写：楼梯编号由梯板代号和序号组成；例如 AT××、BT××、ATa××等。

（3）AT～ET 型板式楼梯具备以下特征：

1）AT～ET 代号代表一段无滑动支座的梯板。梯板的主体为踏步段，除踏步段之

外，梯板可包括低端平板、高端平板以及中位平板。

2）AT～ET 型梯板的特征见表 6-2-2。

AT～ET 梯板特征 表 6-2-2

梯板代号	梯板构成方式	梯板代号	梯板构成方式
AT	踏步段	DT	低端平板、踏步板、高端平板
BT	低端平板、踏步段	ET	低端踏步段、中位平板和高端踏步段
CT	踏步段、高端平板		

3）AT～ET 型梯板的两端分别以（低端和高端）梯梁为支座。

（4）FT、GT 型板式楼梯具备以下特征：

1）FT、GT 代号代表两跑踏步段和连接它们的楼层平板及层间平板的板式楼梯。

2）FT、GT 型梯板的特征见表 6-2-3。

FT、GT 型梯板特征 表 6-2-3

梯板代号	梯板构成方式
FT	层间平板、踏步段、楼层平板
GT	层间平板、踏步段

3）FT、GT 型梯板的支承方式见表 6-2-4。

FT、GT 型梯板支承方式 表 6-2-4

梯板类型	层间平板端	踏步段端（楼层处）	楼层平板端
FT	三边支承	—	三边支承
GT	三边支承	单边支承（梯梁上）	—

（5）ATa、ATb 型板式楼梯具备以下特征：

1）ATa、ATb 型为带滑动支座的板式楼梯，梯板全部由踏步段构成，其支承方式为梯板高端均支承在梯梁上，ATa 型梯板低端带滑动支座支承在梯梁上，ATb 型梯板低端带滑动支座支承在梯梁的挑板上。

2）ATa、ATb 型梯板采用双层双向配筋。

3）滑动支座做法如图 6-2-8 所示，采用何种做法应由设计指定。

（6）ATc 型板式楼梯具备以下特征：

1）梯板全部由踏步段构成，其支承方式为梯板两端均支承在梯梁上。

2）楼梯休息平台与主体结构可连接，也可脱开，见图 6-2-9。

3）梯板厚度应按计算确定；梯板采用双层配筋。

4）梯板两侧设置边缘构件（暗梁），边缘构件的宽度取 1.5 倍板厚；边缘构件纵筋数量，当抗震等级为一、二级时不少于 6 根，当抗震等级为三、四级时不少于 4 根；纵筋直径不小于 $\phi 12$ 且不小于梯板纵向受力钢筋的直径；箍筋直径不小于 $\phi 6$，间距不大于 200mm。

5）平台板按双层双向配筋

ATa、CTa型楼梯滑动支座构造详图

ATb、CTb型楼梯滑动支座构造详图

图 6-2-8 滑动支座做法

图 6-2-9 滑动支座构造

注：1. ATc 型楼梯用于参与结构整体抗震计算；其适用条件为：两梯梁之间的梯板全部由踏步段构成，即踏步段两端均以梯梁为支座。框架结构中，楼梯层间平台可与框架柱连接（2 个梯柱形式）或脱开（4 个梯柱形式），见图（a）与图（b）。

2. ATc 型楼梯平面注写方式如图（a）、图（b）所示。其中，集中注写的内容有 6 项：第 1 项为梯板类型代号与序号 ATc××；第 2 项为梯板厚度 h；第 3 项为踏步段总高度 H_s/踏步级数（m+1）；第 4 项为上部纵筋及下部纵筋；第 5 项为梯板分布筋；第 6 项为边缘构件纵筋及箍筋。

3. 梯板分布筋可直接标注，也可统一说明。

4. 平台板 PTB、梯梁 TL、梯柱 TZ 配筋可以参照 22G101-1 图集标注。

6）ATc 型楼梯作为斜撑构件，钢筋均采用符合抗震性能要求的热轧钢筋，钢筋的抗拉强度实测值与屈服强度实测值的比值不应小于 1.25；钢筋的屈服强度实测值与屈服强度标准值的比值不应大于 1.3，且钢筋在最大拉力下的总伸长率实测值不应小于 9%。

（7）BTb 型板式楼梯具备以下特征：

1）BTb 型为带滑动支座的板式楼梯。梯板由踏步段和低端平板构成，其支承方式为梯板高端支承在梯梁上，梯板低端带滑动支座支承在挑板上。

2）BTb 型梯板采用双层双向。

3）滑动支座做法如图 6-2-10 所示，采用何种做法应由设计指定。

（8）CTa、CTb 型板式楼梯具备以下特征：

1）CTa、CTb 型为带滑动支座的板式楼梯，梯板由踏步段和高端平板构成，其支承方式为梯板高端均支承在梯梁上。CTa 型梯板低端带滑动支座支承在梯梁上，CTb 型梯板低端带滑动支座支承在挑板上。

2）CTa、CTb 型梯板采用双层双向配筋。

3）滑动支座做法如图 6-2-8 所示，采用何种做法应由设计指定。

（9）DTb 型板式楼梯具备以下特征：

1）DTb 型为带滑动支座的板式楼梯。梯板由低端平板、踏步段和高端平板构成，其支承方式为梯板高端平板支承在梯梁上，梯板低端带滑动支座支承在挑板上。

2）DTb 型梯板采用双层双向配筋。

图 6-2-10　滑动支座做法

3）滑动支座做法如图 6-2-10 所示，采用何种做法应由设计指定。

不同踏步位置推高与高度减小构造　　　　$h_{s1} > h_s$ 时梯板低端上部纵筋锚固构造

图中：δ_1 为第一级与中间各级踏步整体竖向推高值
h_{s1} 为第一级（推高后）踏步的结构高度
h_{s2} 为最上一级（减小后）踏步的结构高度
h_t 为梯板水平段厚度
Δ_1 为第一级踏步根部面层厚度
Δ_2 为中间各级踏步的面层厚度
Δ_3 为最上一级踏步（板）面层厚度

图 6-2-11　不同踏步位置推高与高度减小构造

（10）梯梁支承在梯柱上时，其构造应符合 22G101-1 中框架梁 KL 的构造做法，箍筋宜全长加密。

（11）建筑专业地面、楼层平台板和层间平台板的建筑面层厚度经常与楼梯踏步面层厚度不同，为使建筑面层做好后的楼梯踏步等高，各型号楼梯踏步板的第一级踏步高度和最后一级踏步高度需要相应增加或减少，见楼梯剖面图。若没有楼梯剖面图，其取值方法详见图 6-2-11。

6.2.3 平面注写方式

（1）平面注写方式是在楼梯平面布置图上注写截面尺寸和配筋具体数值的方式来表达楼梯施工图。包括集中标注和外围标注。

（2）楼梯集中标注的内容包括五项，具体规定如下：

1）梯板类型代号与序号，例如 AT××。

2）梯板厚度，注写为 $h=×××$。当为带平板的梯板且踏步段板厚度和平板厚度不同时，可在梯板厚度后面括号内以字母 P 打头注写平板厚度。

【例】 $h=130$（P150），130 表示梯板踏步段厚度，150 表示梯板平板的厚度。

3）踏步段总高度和踏步级数，之间以"/"分隔。

4）梯板支座上部纵筋，下部纵筋之间以"；"分隔。

5）梯板分布筋，以 F 打头注写分布钢筋具体值，该项也可在图中统一说明。

【例】 平面图中梯板类型及配筋的完整标注示例如下（AT 型）：

AT1，$h=120$	梯板类型及编号，梯板板厚
1800/12	踏步段总高度/踏步级数
Φ10@200；Φ12@150	上部纵筋；下部纵筋
FΦ8@250	梯板分布筋（可统一说明）

（3）对于 ATc 型楼梯尚应注明梯板两侧边缘构件纵向钢筋及箍筋。

（4）楼梯外围标注的内容，包括楼梯间的平面尺寸、楼层结构标高、层间结构标高、楼梯的上下方向、梯板的平面几何尺寸、平台板配筋、梯梁及梯柱配筋等。

（5）各类型梯板平面注写方式与适用条件见表 6-3-1。

6.2.4 剖面注写方式

（1）剖面注写方式需在楼梯平法施工图中绘制楼梯平面布置图和楼梯剖面图，注写方式分平面注写和剖面注写两部分。

（2）楼梯平面布置图注写内容，包括楼梯间的平面尺寸、楼层结构标高、层间结构标高、楼梯的上下方向、梯板的平面几何尺寸、梯板类型及编号、平台板配筋、梯梁及梯柱配筋等。

（3）楼梯剖面图注写内容，包括梯板集中标注、梯梁梯柱编号、梯板水平及竖向尺寸、楼层结构标高、层间结构标高等。

（4）梯板集中标注的内容包括四项，具体规定如下：

1）梯板类型及编号，例如 AT××。

2）梯板厚度，注写为 $h=\times\times\times$。当梯板由踏步段和平板构成，且踏步段梯板厚度和平板厚度不同时，可在梯板厚度后面括号内以字母 P 打头注写平板厚度。

3）梯板配筋。注明梯板上部纵筋和梯板下部纵筋，用分号"；"将上部与下部纵筋的配筋值分隔开来。

4）梯板分布筋，以 F 打头注写分布钢筋具体值，该项也可在图中统一说明。

【例】 剖面图中梯板配筋完整的标注如下（AT 型）：

AT1，$h=120$	梯板类型及编号，梯板板厚
⚓ 10@200；⚓ 12@150	上部纵筋；下部纵筋
F φ 8@250	梯板分布筋（可统一说明）

5）对于 ATc 型楼梯，集中标注中尚应注明梯板两侧边缘构件纵向钢筋及箍筋。

6.2.5 列表注写方式

（1）列表注写方式是用列表方式注写梯板截面尺寸和配筋具体数值的方式来表达楼梯施工图。

（2）列表注写方式的具体要求同剖面注写方式，仅将剖面注写方式中的梯板配筋注写项改为列表注写项即可。

梯板列表格式见表 6-2-5。

梯板几何尺寸和配筋   表 6-2-5

梯板编号	踏步段总高度/踏步级数	板厚 h	上部纵向钢筋	下部纵向钢筋	分布筋

注：对于 ATc 型楼梯尚应注明梯板两侧边缘构件纵向钢筋及箍筋。

6.2.6 其他

（1）按平法绘制楼梯施工图时，与楼梯相关的平台板、梯梁和梯柱的注写编号由类型代号和序号组成。平台板代号为 PTB，梯梁代号为 TL，梯柱代号为 TZ。注写方式参见 22G101-1 图集。

（2）楼层平台梁板配筋可绘制在楼梯平面图中，也可在各层梁板配筋图中绘制；层间平台梁板配筋在楼梯平面图中绘制。

（3）楼层平台可与该层的现浇楼板整体设计。

（4）AT～GT 各型梯板的标准构造详图中，梯板上部纵向钢筋向跨内伸出的水平投影长度，系默认长度值，工程设计时应予以校核；当不满足具体工程要求时，应另行注明。

（5）对于滑动支座垫板的做法、提供了 5mm 厚聚四氟乙烯板、钢板和厚度大于或等于 0.5mm 的塑料片。实际工程设计中也可选用其他能保证有效滑动的材料，其连接方式由设计者另行处理。

6.3 板式楼梯标准构造详图

1. 钢筋混凝土板式楼梯平面图

钢筋混凝土板式楼梯平面图见表 6-3-1。

钢筋混凝土板式楼梯平面图

表 6-3-1

名称	构造图	构造说明
AT 型楼梯平面图		(1)AT 型楼梯的适用条件:两梯梁之间的梯板全部由踏步段构成,即踏步段两端均以梯梁为支座。凡是满足该条件的楼梯均可为 AT 型,例如双跑楼梯、双分平行楼梯和剪刀楼梯。 (2)AT 型楼梯平面注写方式如左图所示。其中:集中注写的内容有 5 项,第 1 项为梯板类型代号与序号 AT××;第 2 项为梯板厚度 h;第 3 项为踏步段总高度 H_s/踏步级数$(m+1)$;第 4 项为上部纵筋及下部纵筋;第 5 项为梯板分布筋
BT 型楼梯平面图		(1)BT 型楼梯的适用条件:两梯梁之间的梯板由低端平板和踏步段构成,两部分的一端各自以梯梁为支座。凡是满足该条件的楼梯均可为 BT 型,例如双跑楼梯、双分平行楼梯和剪刀楼梯等。 (2)BT 型楼梯平面注写方式如左图所示。其中:集中注写的内容有 5 项,第 1 项为梯板类型代号与序号 BT××;第 2 项为梯板厚度 h;第 3 项为踏步段总高度 H_s/踏步级数$(m+1)$;第 4 项为上部纵筋及下部纵筋;第 5 项为梯板分布筋
CT 型楼梯平面图		(1)CT 型楼梯的适用条件:两梯梁之间的梯板由踏步段和高端平板构成,两部分的一端各自以梯梁为支座。凡是满足该条件的楼梯均可为 CT 型,例如双跑楼梯、双分平行楼梯和剪刀楼梯等。 (2)CT 型楼梯平面注写方式如左图所示。其中:集中注写的内容有 5 项,第 1 项为梯板类型代号与序号 CT××;第 2 项为梯板厚度 h;第 3 项为踏步段总高度 H_s/踏步级数$(m+1)$;第 4 项为上部纵筋及下部纵筋;第 5 项为梯板分布筋

名称	构造图	构造说明
DT 型楼梯平面图		(1)DT 型楼梯的适用条件:两梯梁之间的梯板由低端平板、踏步段和高端平板构成,高、低端平板的一端各自以梯梁为支座。凡是满足该条件的楼梯均可为 DT 型,例如双跑楼梯、双分平行楼梯和剪刀楼梯等。 (2)DT 型楼梯平面注写方式如左图所示。其中:集中注写的内容有 5 项,第 1 项为梯板类型代号与序号 DT××;第 2 项为梯板厚度 h;第 3 项为踏步段总高度 H_s/踏步级数$(m+1)$;第 4 项为上部纵筋及下部纵筋;第 5 项为梯板分布筋
ET 型楼梯平面图	图 6-3-1	(1)ET 型楼梯的适用条件:两梯梁之间的梯板由低端踏步段、中位平板和高端踏步段构成,高、低端踏步段的一端各自以梯梁为支座。凡是满足该条件的楼梯均可为 ET 型。 (2)ET 型楼梯平面注写方式如左图所示。其中:集中注写的内容有 5 项,第 1 项为梯板类型代号与序号 ET××;第 2 项为梯板厚度 h;第 3 项为踏步段总高度 H_s/踏步级数(m_l+m_h+2);第 4 项为上部纵筋;下部纵筋;第 5 项为梯板分布筋
FT 型楼梯平面图		(1)FT 型楼梯的适用条件:①梯板由楼层平板、两跑踏步段与层间平板三部分构成,楼梯间内不设置梯梁;②楼层平板及层间平板均采用三边支承,另一边与踏步段相连;③同一楼层内各踏步段的水平长相等,高度相等(即等分楼层高度)。凡是满足以上条件的可为 FT 型,例如双跑楼梯。 (2)FT 型楼梯平面注写方式如左图所示。其中:集中注写的内容有 5 项,第 1 项为梯板类型代号与序号 FT××;第 2 项梯板厚度 h,当平板厚度与梯板厚度不同时,可在梯板厚度后面括号内以字母 P 打头注写平板厚度;第 3 项踏步段总高度 H_s/踏步级数$(m+1)$;第 4 项梯板上部纵筋及下部纵筋;第 5 项梯板分布筋(梯板分布筋也可在平面图中注写或统一说明)。原位注写的内容为楼层与层间平板上、下部横向配筋

名称	构造图	构造说明
GT 型楼梯平面图		(1)GT 型楼梯的适用条件:①楼梯间设置楼层梯梁;梯板由两跑踏步段与层间平台板两部构成;②层间平台板采用三边支承,另一边与踏步段的一端相连,踏步段的另一端以楼层梯梁为支座;③同一楼层内各踏步段的水平长度相等高度相等(即等分楼层高度)。凡是满足以上条件的可为 GT 型,例如双跑楼梯、双分楼梯等。 (2)GT 型楼梯平面注写方式如左图所示。其中:集中注写的内容有 5 项,第 1 项为梯板类型代号与序号 GT××;第 2 项梯板厚度 h,当平板厚度与梯板厚度不同时,可在梯板厚度后面括号内以字母 P 打头注写平板厚度;第 3 项踏步段总高度 H_s/踏步级数$(m+1)$;第 4 项梯板上部纵筋及下部纵筋;第 5 项梯板分布筋(梯板分布筋也可在平面图中注写或统一说明)。原位注写的内容为楼层与层间平板上部纵向与横向配筋
ATa、ATb 型楼梯平面图		(1)ATa,ATb 型为带滑动支座的板式楼梯,不参与结构整体抗震计算;其适用条件为:梯板全部由踏步段构成,其支承方式为梯板高端均支承在梯梁上,ATa 型梯板低端带滑动支座支承在梯梁上,ATb 型梯板低端带滑动支座支承在挑板上。框架结构中,楼梯梯间平台通常设梯柱、梯梁,层间平台可与框架柱连接。 (2)楼梯平面注写方式如左图所示。其中:集中注写的内容有 5 项,第 1 项为梯板类型代号与序号 ATa ××(ATb ××);第 2 项梯板厚度 h;第 3 项踏步段总高度 H_s/踏步级数$(m+1)$;第 4 项为上部纵筋及下部纵筋;第 5 项为梯板分布筋。 (3)梯板的分布钢筋可直接标注,也可统一说明。 (4)平台板 PTB、梯梁 TL、梯柱 TZ 配筋可参照 22G101-1 图集标注。 (5)滑动支座做法由设计指定,当采用与平台板 PTB、梯梁 TL、梯柱 TZ 配筋可参照 22G101-2 图集不同的做法时由设计另行给出。 (6)滑动支座做法中建筑构造应保证梯板滑动要求。 (7)地震作用下,ATb 型楼梯悬挑板尚应承受梯板传来的附加竖向作用力,设计时应对挑板及与其相连的平台梁采取加强措施

续表

名称	构造图	构造说明
ATc 型楼梯平面图		（1）ATc 型楼梯用于参与结构整体抗震计算；其适用条件为：两楼梯之间的矩形梯板全部由踏步段构成，即踏步段两端均以梯梁为支座。框架结构中，楼梯中间平台通常设梯柱、梁，中间平台可与框架柱连接或脱开。 （2）楼梯平面注写方式如左图所示。其中，集中注写的内容有 6 项，第 1 项为梯板类型代号与序号 ATc××；第 2 项梯板厚度 h；第 3 项踏步段总高度 H_s/踏步级数 $(m+1)$；第 4 项为上部纵筋及下部纵筋；第 5 项为梯板分布筋；第 6 项为边缘构件纵筋及箍筋。 （3）梯板的分布钢筋可直接标注，也可统一说明。 （4）平台板 PTB、梯梁 TL、梯柱 TZ 配筋可参照 22G101-1 图集标注
BTb 型楼梯平面图		（1）BTb 型楼梯为带滑动支座的板式楼梯，不参与结构整体抗震计算；其适用条件为：梯板由踏步段和低端平板构成，其支承方式为梯板高端支承在梯梁上，梯板低端带滑动支座支承在挑板上。框架结构中，楼梯中间平台通常设置梯柱、梯梁，层间平台可与框架柱连接。 （2）楼梯平面注写方式如左图所示。其中，集中注写的内容有 5 项：第 1 项为梯板类型代号与序号 BTb××；第 2 项为梯板厚度 h，当低端平板厚度和踏步段厚度不同时，在梯板厚度后面括号内以字母 P 打头注写低端平板厚度 h；第 3 项为踏步段总高度 H_s/踏步级数 $(m+1)$；第 4 项为上部纵筋及下部纵筋；第 5 项为梯板分布筋。 （3）梯板的分布钢筋可直接标注，也可统一说明。 （4）平台板 PTB、梯梁 TL、梯柱 TZ 配筋可参照 22G101-1 图集标注。带悬挑板的梯梁应采用截面注写方式。 （5）滑动支座做法由设计指定，当采用与本图集不同的做法时由设计另行给出。 （6）BTb 型楼梯滑动支座做法如图 6-2-10 所示，滑动支座中建筑构造应保证梯板滑动要求。 （7）地震作用下，BTb 型楼梯悬挑板尚承受梯板传来的附加竖向作用力，设计时应对挑板及与其相连的平台梁采取加强措施

名称	构造图	构造说明
CTa、CTb 型楼梯平面图		（1）CTa、CTb 型楼梯设滑动支座，不参与结构整体抗震计算；其适用条件为：梯板由踏步段和高端平板构成，其支承方式为梯板高端均支承在梯梁上，CTa 型梯板低端带滑动支座支承在梯梁上，CTb 型梯板低端带滑动支座支承在挑板上。框架结构中，楼梯层间平台通常设梯柱、梯梁，层间平台可与框架柱连接。 （2）楼梯平面注写方式如左图所示。其中，集中注写的内容有 5 项：第 1 项为梯板类型代号与序号 CTa×× (CTb××)；第 2 项为梯板厚度 h，当高端平板厚度和踏步段厚度不同时，在梯板厚度后面括号内以字母 P 打头注写高端平板厚度 h_t；第 3 项为踏步段总高度 H_s/踏步级数 $(m+1)$；第 4 项为上部纵筋及下部纵筋；第 5 项为梯板分布筋。 （3）梯板的分布钢筋可直接标注，也可统一说明。 （4）平台板 PTB、梯梁 TL、梯柱 TZ 配筋可参照 22G101-1 图集标注。 （5）滑动支座做法由设计指定，当采用与平台板 PTB、梯梁 TL、梯柱 TZ 配筋可参照 22G101-2 图集不同的做法时由设计另行给出。 （6）滑动支座做法参见图 6-2-8。 （7）地震作用下，CTb 型楼梯悬挑板尚承受梯板传来的附加竖向作用力，设计时应对挑板及与其相连的平台梁采取加强措施
DTb 型楼梯平面图		（1）DTb 型楼梯设滑动支座，不参与结构整体抗震计算；其适用条件为：两梯梁之间的梯板由低端平板、踏步段和高端平板构成，其支承方式为梯板高端平板支承在梯梁上，梯板低端带滑动支座支承在挑板上。框架结构中，楼梯层间平台通常设置梯柱、梯梁，层间平台可与框架柱连接。 （2）楼梯平面注写方式如左图所示。其中，集中注写的内容有 5 项：第 1 项为梯板类型代号与序号 DTb××；第 2 项为梯板厚度 h，当平板厚度和踏步段厚度不同时，在梯板厚度后面括号内以字母 P 打头注写平板厚度 h_t；第 3 项为踏步段总高度 H_s/踏步级数 $(m+1)$；第 4 项为上部纵筋及下部纵筋；第 5 项为梯板分布筋。 （3）梯板的分布钢筋可直接标注，也可统一说明。 （4）平台板 PTB、梯梁 TL、梯柱 TZ 配筋可参照 22G101-1 图集标注。带悬挑板的梯梁应采用截面注写方式。 （5）滑动支座做法由设计指定，当采用与本图集不同的做法时由设计另行给出。 （6）DTb 型楼梯滑动支座做法如图 6-2-10 所示，滑动支座中建筑构造应保证梯板滑动要求。 （7）地震作用下，DTb 型楼梯悬挑板尚承受梯板传来的附加竖向作用力，设计时应对挑板及与其相连的平台梁采取加强措施

图 6-3-1 ET 型楼梯平面图

2. 钢筋混凝土板式楼梯钢筋构造

钢筋混凝土板式楼梯钢筋构造见表 6-3-2。

钢筋混凝土板式楼梯钢筋构造 表 6-3-2

名称	构造图	构造说明
AT 型楼梯板配筋构造	图 6-3-2	字母释义: h_s——踏步高;
BT 型楼梯板配筋构造	图 6-3-3	b_s——踏步宽;
CT 型楼梯板配筋构造	图 6-3-4	m——踏步数;
DT 型楼梯板配筋构造	图 6-3-5	h——梯板厚度; b——楼层梯梁宽度;
ET 型楼梯板配筋构造	图 6-3-6	d——受拉钢筋直径; l_a——纵向受拉钢筋非抗震锚固长度;
FT 型楼梯板配筋构造	图 6-3-7	H_s——踏步段高度; H_{ls}——低端踏步段高度;
GT 型楼梯板配筋构造	图 6-3-8	H_{hs}——高端踏步段高度;
FT、GT 型楼梯板配筋构造	图 6-3-9	l_{ab}——受拉钢筋的非抗震基本锚固长度; l_n——梯板跨度;
ATa 型楼梯板配筋构造	图 6-3-10	l_{sn}——踏步段水平长; l_{ln}——低端平板长;
ATb 型楼梯板配筋构造	图 6-3-11	l_{hn}——高端平板长;
ATc 型楼梯板配筋构造	图 6-3-12	l_{hsn}——高端踏步段水平长; l_{lsn}——低端踏步段水平长; l_{mn}——中位平板长。
BTb 型楼梯板配筋构造	图 6-3-13	构造图解析: (1)图中上部纵筋锚固长度 $0.35l_{ab}$ 用于设计按铰接的情况,括号内数据 $0.6l_{ab}$ 用于设计考虑充分发挥钢筋抗拉强度的情况,具体工程中设计应指明采用何种情况。
CTa 型楼梯板配筋构造	图 6-3-14	(2)上部纵筋有条件时可直接伸入平台板内锚固,从支座内边算起总锚固长度不小于 l_a,如图中虚线所示。
CTb 型楼梯板配筋构造	图 6-3-15	(3)踏步两头高度调整见图 6-2-11。 (4)钢筋均采用符合抗震性能要求的热轧钢筋(钢筋的抗拉强度实测值与屈服强度实测值的比值不应小于 1.25;钢筋的屈服强度实测值与屈服强度标准值的比值不应大于 1.3,且钢筋在最大拉力下的总伸长率实测值不应小于 9%)。
DTb 型楼梯板配筋构造	图 6-3-16	(5)梯板拉结筋为Φ6@600@600。 (6)h_t 宜大于或等于 h,由设计指定;未指定时,$h_t = h$

图 6-3-2　AT 型楼梯板配筋构造

图 6-3-3　BT 型楼梯板配筋构造

图 6-3-4　CT 型楼梯板配筋构造

图 6-3-5　DT 型楼梯板配筋构造

图 6-3-6 ET 型楼梯板配筋构造

图 6-3-7 FT 型楼梯板配筋构造（一）

图 6-3-7 FT 型楼梯板配筋构造（二）

图 6-3-8 GT 型楼梯板配筋构造（一）

GT型楼梯板配筋构造(2—2剖面)

(层间平板为三边支承，踏步段楼层端为单边支承)

图 6-3-8　GT 型楼梯板配筋构造（二）

FT、GT型楼梯平板配筋构造(3—3剖面)

FT、GT型楼梯平板配筋构造(4—4剖面)

图 6-3-9　FT、GT 型楼梯板配筋构造

图 6-3-10 ATa 型楼梯梯板配筋构造

图 6-3-11 ATb 型楼梯梯板配筋构造

图 6-3-12　ATc 型楼梯板配筋构造

BTb 型楼梯板配筋构造

图 6-3-13　BTb 型楼梯板配筋构造

图 6-3-14 CTa 型楼梯板配筋构造

图 6-3-15 CTb 型楼梯板配筋构造

图 6-3-16 DTb 型楼梯板配筋构造

6.4 楼梯结构详图识读

××工程现浇楼梯施工图中，楼梯平面图（即楼梯配筋图）如图 6-4-1 所示，楼梯竖向布置简图（即楼梯剖面图）如图 6-4-2 所示，梯梁截面图如图 6-4-3 所示，图纸说明见表 6-4-1。

图 6-4-1 楼梯平面图

从建筑和结构平面图知，该工程设三部相同的楼梯。图 6-4-1 楼梯平面图和图 6-4-2 楼梯竖向布置简图的位置、尺寸、标高与建筑相符。

图 6-4-2 楼梯竖向布置简图

图 6-4-3 梯梁截面图

楼梯详图图纸说明   表 6-4-1

说明：

1. 现浇楼梯采用 C30 混凝土，HPB300(Φ)，HRB400(Ⅱ)钢筋
2. 钢筋的混凝土保护层厚：板为 20mm，梁为 25mm
3. 板顶标高为建筑标高减 0.050m
4. 未标注的分布筋：架立筋为 Φ8@250
5. 楼梯配筋构造详见 22G101-2 图集

现浇楼梯混凝土强度等级为 C30。板保护层为 20mm，梁保护层为 25mm。

该工程为板式楼梯，主要由梯板、平台板和梯梁组成。

1. 梯板

以标高−0.050～3.400m 之间的三种类型，说明梯板的识读。从楼梯平面图和楼梯竖向布置简图可知：

（1）标高－0.050～1.050m 之间的梯板

从楼梯竖向布置简图（即 A—A 剖面图）知，该梯板以顶标高为－0.050m 的楼层平台梁和顶标高为 1.050m 的层间平台梁为支座。从楼梯平面图知，该梯板为 AT 型梯板，类型代号和序号为 ATB1；厚度为 100mm；7 个踏步，每个踏步高度为 157mm，踏步总高度为 1100mm；梯板下部纵向钢筋为 ϕ 8@150，即 HPB300 钢筋，直径为 8mm，间距为 150mm。踏步宽度为 260mm，梯板跨度为 6×260mm＝1560mm。从图纸说明知，梯板中的分布筋为 ϕ 8@250，即 HPB300 钢筋，直径为 8mm，间距为 250mm。

从表 6-3-2 中的标准构造详图知：梯板下部纵向钢筋通长配置，两端进入支座不小于 5d，且不小于板厚 h（取 100mm），末端做 180°弯钩。梯板上部纵向钢筋要求按下部纵向钢筋的 1/2 配置，且不小于 ϕ 8@200，取 HPB300 钢筋，直径为 8mm，间距为 200mm，伸出支座梯梁的水平投影长度为梯板静跨度的 1/4，为 390mm，即可算得钢筋伸出支座的斜长为 $390×(157^2+260^2)^{1/2}/260mm=456mm$；进入平台梁内的锚固长度不小于受拉钢筋最小锚固长度 l_a（查得 24d 即 192mm），要求弯折前支座内的钢筋斜长不小于 $0.4l_a$（即 77mm），弯折半径为 4d（即 32mm），弯折后的长度为 15d（即 120mm）；钢筋锚固端需做 180°弯钩，另一端作 90°支顶在模板上。

（2）标高 1.050～2.250mm 之间的梯板

从楼梯竖向布置简图知，该梯板以顶标高为 1.050m 的楼层平台梁和顶标高为 2.250m 的层间平台梁为支座。从楼梯平面图知，该梯板为 CT 型梯板（由踏步段和高端平板构成），类型代号和序号为 CTB1；厚度为 100mm；7 个踏步，每个踏步高度为 171mm，踏步总高度为 1200mm；梯板下部纵向钢筋为 ϕ 8@150。踏步宽度为 260mm，梯板跨度为 1820mm（6×260mm＋260mm）。从图纸说明知，梯板中的分布筋为 ϕ 8@250。

从表 6-3-2 中的标准构造详图知：梯板下部纵向钢筋在踏步段和高端平板分别配置，相交处分别伸至对方上部锚固，锚固长度为 l_a。在踏步段和高端平板端部进入支座不小于 5d，并且不小于板厚 h（取 100mm）。钢筋端部做 180°弯钩。

梯板上部纵向钢筋要求按下部纵向钢筋的 1/2 配置，且不小于 ϕ 8@200。伸出低端支座梯梁的水平投影长度为梯板静跨度的 1/4，即 455mm，可算得低端支座处上部纵向钢筋伸出支座的斜长为 $455×(171^2+260^2)^{1/2}/260mm=545mm$；进入平台梁内的锚固长度不小于受拉钢筋最小锚固长度 l_a，要求弯折前支座内的钢筋斜长不小于 $0.4l_a$（即 77mm），弯折半径为 4d，弯折后的长度为 15d；钢筋锚固端需做 180°弯钩，另一端作 90°支顶在模板上。伸出高端支座梯梁的水平投影长度不小于梯板静跨度的 1/4，并且斜钢筋的水平投影长度为踏步段水平净长的 1/5（312mm），所以取伸出支座的水平投影长度为梯板静跨度的 1/4，斜长为 545mm，钢筋水平进入高端支座，锚固长度不小于受拉钢筋最小锚固长度 l_a，要求弯折前支座内的钢筋斜长不小于 $0.4l_a$，弯折半径为 4d，弯折后的长度为 15d。

（3）标高 2.250～3.400 之间的梯板

从楼梯竖向布置简图知，该梯板以顶标高为 2.250m 的层间平台梁和顶标高为 3.400m 的楼层平台梁为支座。从楼梯平面图知，该梯板为 DT 型梯板（由低端平板、踏步段和高端平板构成），类型代号和序号为 DTB1，厚度为 100mm；7 个踏步，每个踏步高度为 164mm，踏步总高度为 1150mm；梯板下部纵向钢筋为 $\phi 8@120$。踏步宽度为 260mm，梯板跨度为 260mm＋6×260mm＋300mm＝2120mm。从图纸说明知，梯板中的分布筋为 $\phi 8@25$。

从表 6-3-2 中的标准构造详图知：梯板下部纵向钢筋在底端平板和踏步段、高端平板分别配置，踏步段和高端平板相交处分别伸至对方上部锚固，锚固长度为 l_a。在低端平板和高端平板端部进入支座不小于 $5d$，并且不小于板厚 h（取 100mm）。钢筋端部做 180°弯钩。

梯板上部纵向钢筋要求按下部纵向钢筋的 1/2 配置，且不小于 $\phi 8@200$。在低端平板和踏步段相交处分别伸至对方下部锚固，锚固长度为 l_a。伸出两端支座梯梁的水平投影长度不小于梯板静跨度的 1/4（530mm），并且斜钢筋的水平投影长度为踏步段水平净长的 1/5（312mm），所以钢筋伸出低端平台的水平投影长度取为 260mm＋312mm＝572mm，其相应斜段长度为 $312×(164^2+260^2)^{1/2}/260mm＝369mm$；伸出高端平台的水平投影长度取为 530mm，其相应斜段长度为 $(530-300+260)×(164^2+260^2)^{1/2}/260mm＝579mm$。钢筋水平进入两端支座，锚固长度不小于受拉钢筋最小锚固长度 l_a，要求弯折前支座内的钢筋斜长不小于 $0.4l_a$，弯折半径为 $4d$，弯折后的长度为 $15d$。

2. 平台板

板除按通常配筋平面表示外，还可以采用平面注写方式。板的平面注写主要包括板块集中标注和板支座原位标注。

以 2.250m 标高处的平台板为例，说明平台板的识读。

从图 6-4-1 可知：编号 PTB2，板厚为 80mm，短跨方向下部钢筋为 $\phi 8@200$，即 HPB300 钢筋，直径为 8mm，间距为 200mm；长跨方向下部钢筋为 $\phi 8@250$，即 HPB300 钢筋，直径为 8mm，间距为 250mm。短向支座上部钢筋为①号筋，为 $\phi 8@170$，伸出梁侧面 500mm，进入梁内为锚固长度；长向支座上部钢筋为②号筋，为 $\phi 8@200$，伸出梁侧面 850mm，进入梁内为锚固长度。

3. 梯梁

从图 6-4-3 梯梁截面注写知：梯梁截面为 200mm×300mm，上、下部纵向钢筋均为 $3\phi 16$，箍筋为 $\phi 6@200$，纵向钢筋的构造要求如图 4-3-1 所示，其中纵向钢筋锚固长度 l_a 为 $30d$。

练 习 题

1. 从结构上划分，现浇混凝土楼梯有哪些分类？
2. 板式楼梯所包含的构件内容有哪些？
3. 22G101-2 图集楼梯包含哪些类型？
4. 板式楼梯平面注写方式有哪些？
5. 板式楼梯剖面注写方式有哪些？
6. 板式楼梯列表注写方式有哪些？
7. AT～GT 型楼梯平面注写方式与适用条件有哪些？
8. AT～GT 型楼梯钢筋构造做法分别是什么？

7 独立基础平法识图

7.1 独立基础平法施工图制图规则

7.1.1 独立基础平法施工图的表示方法

（1）独立基础平法施工图，有平面注写、截面注写和列表注写三种表达方式，设计者可根据具体工程情况选择一种，或将两种方式相结合进行独立基础的施工图设计。

（2）当绘制独立基础平面布置图时，应将独立基础平面与基础所支承的柱一起绘制。当设置基础连系梁时，可根据图面的疏密情况，将基础连系梁与基础平面布置图一起绘制，或将基础联系梁布置图单独绘制。

（3）在独立基础平面布置图上应标注基础定位尺寸；当独立基础的柱中心线或杯口中心线与建筑轴线不重合时，应标注其定位尺寸。编号相同且定位尺寸相同的基础，可仅选择一个进行标注。

7.1.2 独立基础编号

各种独立基础编号应符合表 7-1-1 规定。

独立基础编号　　　　　　　　　　　　　　　表 7-1-1

类型	基础底板截面形状	代号	序号
普通独立基础	阶形	DJj	××
	锥形	DJz	××
杯口独立基础	阶形	BJj	××
	锥形	BJz	××

设计时应注意：当独立基础截面形状为锥形时，其锥面应采用能保证混凝土浇筑、振捣密实的较缓坡度；当采用较陡坡度时，应要求施工采用在基础顶部锥面加模板等措施，以确保独立基础的锥面浇筑成型、振捣密实。

7.1.3 独立基础的平面注写方式

（1）独立基础的平面注写方式分为集中标注和原位标注两部分内容。

（2）普通独立基础和杯口独立基础的集中标注是在基础平面图上集中引注：基础编

号、截面竖向尺寸、配筋三项必注内容，以及基础底面标高（与基础底面基准标高不同时）和必要的文字注解两项选注内容。

素混凝土普通独立基础的集中标注，除无基础配筋内容外均与钢筋混凝土普通独立基础相同。

独立基础集中标注的具体内容规定如下：

1) 注写独立基础编号（必注内容），编号由代号和序号组成，具体见表 7-1-1。

2) 注写独立基础截面竖向尺寸（必注内容）。

图 7-1-1　阶形截面普通独立基础竖向尺寸

① 普通独立基础。注写为 $h_1/h_2/\cdots\cdots$，具体标注如下：

a. 当基础为阶形截面时如图 7-1-1 所示。

【例】　当阶形截面普通独立基础 GJj×× 的竖向尺寸注写为 400/300/300 时，表示 $h_1=400$mm、$h_2=300$mm、$h_3=300$mm，基础底板总高度为 1000mm。

图 7-1-1 为三阶；当为更多阶时，各阶尺寸自下而上用 "/" 分隔顺写。

当基础为单阶时，其竖向尺寸仅为一个，即为基础总高度，如图 7-1-2 所示。

b. 当基础为坡形截面时，注写为 h_1/h_2，如图 7-1-3 所示。

图 7-1-2　单阶普通独立基础竖向尺寸

图 7-1-3　坡形截面普通独立基础竖向尺寸

【例】　当锥形截面普通独立基础 DJz×× 的竖向尺寸注写为 350/300 时，表示 $h_1=350$mm、$h_2=300$mm，基础底板总高度为 650mm。

② 杯口独立基础：

a. 当基础为阶形截面时，其竖向尺寸分两组，一组表达杯口内，另一组表达杯口外，两组尺寸以 "," 分隔，注写为：a_0/a_1，$h_1/h_2/\cdots\cdots$，如图 7-1-4、图 7-1-5 所示，其中 a_0 为杯口深度。

b. 当基础为锥形截面时，注写为：a_0/a_1，$h_1/h_2/h_3\cdots\cdots$，如图 7-1-6 和图 7-1-7 所示。

图 7-1-4　阶形截面杯口独立基础竖向尺寸

图 7-1-5 阶形截面高杯口独立基础竖向尺寸

图 7-1-6 锥形截面杯口
独立基础竖向尺寸

图 7-1-7 锥形截面高杯口
独立基础竖向尺寸

3）注写独立基础配筋（必注内容）。

① 注写独立基础底板配筋。普通独立基础和杯口独立基础的底部双向配筋注写规定如下：

a. 以 B 代表各种独立基础底板的底部配筋。

b. x 向配筋以 X 打头、y 向配筋以 Y 打头注写；当两向配筋相同时，则以 X&Y 打头注写。

【例】 当独立基础底板配筋标注为：B：XΦ16@150，YΦ16@200，表示基础底板双向配置 HRB400 钢筋，x 向钢筋直径为 16mm，间距 150mm；y 向钢筋直径为 16mm，间距 200mm。见示意图 7-1-8。

② 注写杯口独立基础顶部焊接钢筋网。以 Sn 打头引注杯口顶部焊接钢筋网的各边钢筋。

【例】 当单杯口独立基础顶部焊接钢筋网标注为：Sn 2Φ14，表示杯口顶部每边配置 2 根 HRB400 级直径为 14mm 的焊接钢筋网。见示意图 7-1-9。

【例】 当双杯口独立基础顶部焊接钢筋网标注为：Sn 2Φ16，表示杯口每边和双杯口中

图 7-1-8 独立基础底板底部双向配筋示意

间杯壁的顶部均配置 2 根 HRB400 级直径为 16mm 的焊接钢筋网。见示意图 7-1-10。

当双杯口独立基础中间杯壁厚度小于 400mm 时，在中间杯壁中配置构造钢筋见相应标准构造详图，设计不注。

图 7-1-9 单杯口独立基础顶部焊接钢筋示意图

图 7-1-10 双杯口独立基础顶部焊接钢筋示意图

③ 注写高杯口独立基础的短柱配筋（也适用于杯口独立基础杯壁有配筋的情况）。具体注写规定如下：

a. 以 O 代表短柱配筋。

b. 先注写短柱纵筋，再注写箍筋。注写为：角筋/x 边中部筋/y 边中部筋，箍筋（两种间距，短柱杯口壁内箍筋间距/短柱其他部位箍筋间距）。

【例】 当高杯口独立基础的短柱配筋标注为：O 4⊉20/5⊉16/5⊉16，φ10@150/300，表示高杯口独立基础的短柱配置 HRB400 竖向纵筋和 HPB300 箍筋。其竖向纵筋为：角筋 4⊉20，x 边中部筋 5⊉16、y 边中部筋 5⊉16；其箍筋直径为 10mm，短柱杯口壁内间距 150mm，短柱其他部位间距 300mm。见示意图 7-1-11。

c. 对于双高杯口独立基础的短柱配筋，注写形式与单高杯口相同，如图 7-1-12 所示。图 7-1-12 只表示基础短柱纵筋与矩形箍筋。

图 7-1-11 高杯口独立基础短柱配筋示意图

图 7-1-12 双高杯口独立基础短柱配筋示意图

当双高杯口独立基础中间杯壁厚度小于 400mm 时，在中间杯壁中配置构造钢筋见相应标准构造详图，设计不注。

④ 注写普通独立深基础短柱竖向尺寸及钢筋。当独立基础埋深较大，设置短柱时，短柱配筋应注写在独立基础中。具体注写规定如下：

a. 以 DZ 代表普通独立深基础短柱。

b. 先注写短柱纵筋，再注写箍筋，最后注写短柱标高范围。注写为：角筋/长边中部筋/短边中部筋，箍筋，短柱标高范围；当短柱水平截面为正方形时，注写为：角筋/x 边中部筋/y 边中部筋，短柱标高范围，箍筋。

【例】 当短柱配筋标注为：DZ 4Φ20/5Φ18/5Φ18，ϕ10@100，$-2.500\sim-0.050$，表示独立基础的短柱设置在-2.500m~-0.050m 高度范围内，配置 HRB400 竖向纵筋和 HPB300 箍筋。其竖向为：角筋 4Φ20、x 边中部筋 5Φ18、y 边中部筋 5Φ18；其箍筋直径为 10mm，间距 100mm。见示意图 7-1-13。

DZ 4Φ20/5Φ18/5Φ18
ϕ10@100
$-2.500\sim-0.050$

4）注写基础底面标高（选注内容）。当独立基础的底面标高与基础底面基准标高不同时，应将独立基础底面标高直接注写在"（　）"内。

5）必要的文字注解（选注内容）。当独立基础的

图 7-1-13 独立基础短柱配筋示意图

设计有特殊要求时，宜增加必要的文字注解。例如，基础底板配筋长度是否采用减短方式等，可在该项内注明。

（3）钢筋混凝土和素混凝土独立基础的原位标注是在基础平面布置图上标注独立基础的平面尺寸。对相同编号的基础，可选择一个进行原位标注；当平面图形较小时，可将所选定进行原位标注的基础按比例适当放大；其他相同编号者仅注编号。

原位标注的具体内容规定如下：

1）普通独立基础。原位标注 x，y，x_i、y_i，$i=1$，2，3……。其中，x、y 为普通独立基础两向边长，x_i、y_i 为阶宽或锥形平面尺寸（当设置短柱时，尚应标注短柱对轴线的定位情况，用 x_{DZi}）

对称阶形截面普通独立基础的原位标注，如图 7-1-14 所示；非对称阶形截面普通独立基础的原位标注，如图 7-1-15 所示；设置短柱独立基础的原位标注，如图 7-1-16 所示。

图 7-1-14 对称阶形截面普通独立基础原位标注

图 7-1-15 非对称阶形截面普通独立基础原位标注

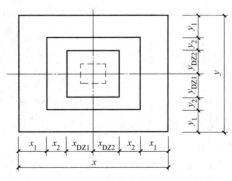

图 7-1-16 带短柱独立基础的原位标注

对称锥形截面普通独立基础的原位标注，如图 7-1-17 所示；非对称坡形截面普通独立基础的原位标注，如图 7-1-18 所示。

 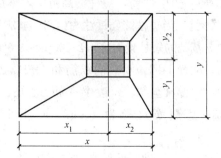

图 7-1-17　对称锥形截面普通独立基础原位标注　　图 7-1-18　非对称锥形截面普通独立基础原位标注

2）杯口独立基础。原位标注 x、y、x_u、y_u、x_{ui}、y_{ui}、t_i、x_i、y_i，$i=1$，2，3……。其中，x、y 为杯口独立基础两向边长，x_u、y_u 为杯口上口尺寸，x_{ui}、y_{ui} 为杯口上口边到轴线的尺寸，t_i 为杯壁上口厚度，下口厚度为 $t_i=25mm$，x_i、y_i 为阶宽或锥形截面尺寸。

杯口上口尺寸 x_u、y_u，按柱截面边长两侧双向各加 75mm；杯口下口尺寸按标准构造详图（为插入杯口的相应柱截面边长尺寸，每边各加 50mm），设计不注。

阶形截面杯口独立基础的原位标注，如图 7-1-19 和图 7-1-20 所示。高杯口独立基础原位标注与杯口独立基础完全相同。

图 7-1-19　阶形截面杯口独立基础原位标注（一）　　图 7-1-20　阶形截面杯口独立基础原位标注（二）
（本图所示基础底板的一边比其他三边多一阶）

锥形截面杯口独立基础的原位标注，如图 7-1-21 和图 7-1-22 所示。高杯口独立基础的原位标注与杯口独立基础完全相同。

设计时应注意：当设计为非对称坡形截面独立基础并且基础底板的某边不放坡时，在原位放大绘制的基础平面图上，或在圈引出来放大绘制的基础平面图上，应按实际放坡情况绘制分坡线，如图 7-1-22 所示。

（4）普通独立基础采用平面注写方式的集中标注和原位标注综合设计表达示意，如图 7-1-23 所示。

图 7-1-21 锥形截面杯口独立基础原位标注（一）

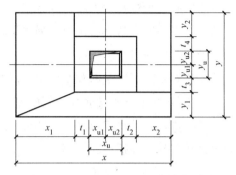

图 7-1-22 锥形截面杯口独立基础原位标注（二）

（本图所示基础底板有两边不放坡）

带短柱独立基础采用平面注写方式的集中标注和原位标注综合设计表达示意，如图 7-1-24 所示。

（5）杯口独立基础采用平面注写方式的集中标注和原位标注综合设计表达示意，如图 7-1-25 所示。

在图 7-1-25 中，集中标注的第三、四行内容是表达高杯口独立基础短柱的竖向纵筋和横向箍筋；当为杯口独立基础时，集中标注通常为第一、二、五行的内容。

（6）独立基础通常为单柱独立基础，也可为多柱独立基础（双柱或四柱等）。多柱独立基础的编号、几何尺寸和配筋的标注方法与单柱独立基础相同。

当为双柱独立基础并且柱距较小时，通常仅配置

图 7-1-23 普通独立基础平面
注写方式设计表达示意

图 7-1-24 带短柱独立基础平面
注写方式设计表达示意

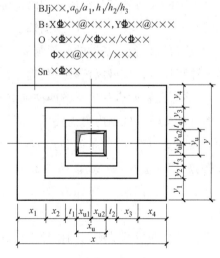

图 7-1-25 杯口独立基础平面
注写方式设计表达示意

基础底部钢筋；当柱距较大时，除基础底部配筋外，尚需在两柱间配置基础顶部钢筋或设置基础梁；当为四柱独立基础时，通常可设置两道平行的基础梁，需要时可在两道基础梁之间配置基础顶部钢筋。

多柱独立基础顶部配筋和基础梁的注写方法规定如下：

1）注写双柱独立基础底板顶部配筋。双柱独立基础的顶部配筋，通常对称分布在双柱中心线两侧，以大写字母"T"打头，注写为：双柱间纵向受力钢筋/分布钢筋。当纵向受力钢筋在基础底板顶面非满布时，应注明其总根数。

图 7-1-26　双柱独立基础顶部配筋示意

【例】　T：11Φ18@100/Φ10@200；表示独立基础顶部配置 HRB400 纵向受力钢筋，直径为 18mm 设置 11 根，间距 100mm；配置 HPB300 分布筋，直径为 10mm，间距 200mm。如图 7-1-26 所示。

2）注写双柱独立基础的基础梁配筋。当双柱独立基础为基础底板与基础梁相结合时，注写基础梁的编号、几何尺寸和配筋。例如 JL×× (1) 表示该基础梁为 1 跨，两端无外伸；JL×× (1A) 表示该基础梁为 1 跨，一端有外伸；JL×× (1B) 表示该基础梁为 1 跨，两端均有外伸。

通常情况下，双柱独立基础宜采用端部有外伸的基础梁，基础底板则采用受力明确、构造简单的单向受力配筋与分布筋。基础梁宽度宜比柱截面宽出不小于 100mm（每边不小于 50mm）。

基础梁的注写规定与条形基础的基础梁注写规定相同，详见 8.1 条形基础平法施工图制图规则的相关内容。注写示意图如图 7-1-27 所示。

3）注写双柱独立基础的底板配筋。双柱独立基础底板配筋的注写，可以按条形基础底板的注写规定，也可以按独立基础底板的注写规定，如图 7-1-27 所示。

4）注写配置两道基础梁的四柱独立基础底板顶部配筋。当四柱独立基础已设置两道平行的基础梁时，根据内力需要可在双梁之间以及梁的长度范围内配置基础顶部钢筋，注写为：梁间受力钢筋/分布钢筋。

【例】　T：Φ16@120/Φ10@200；表示在四柱独立基础顶部两道基础梁之间配置 HRB400 钢筋，直径为 16mm，间距 120mm；分布筋为 HPB300 钢筋，直径为 10mm，间距 200mm。如图 7-1-28 所示。

平行设置两道基础梁的四柱独立基础底板配筋，也可按双梁条形基础底板配筋的注写规定。

(7) 采用平面注写方式表达的独立基础设计施工图如图 7-1-29 所示。

图 7-1-27 双柱独立基础的
基础梁配筋注写示意

图 7-1-28 四柱独立基础底板顶部
基础梁间配筋注写示意

独立基础平法施工图平面注写方式示例

图 7-1-29 采用平面注写方式表达的独立基础设计施工图示意

注:1. x、y 为图面方向;

2. ±0.000 的绝对标高(m):×××.×××;基础底面基准标高(m):-×.×××。

7.1.4 独立基础的截面注写方式

(1)独立基础采用截面注写方式,应在基础平面布置图上所有基础进行编号,标注独立基础的平面尺寸,并用剖面号引出对应的截面图;对相同编号的基础,可选择一个进行标注,见表 7-1-1。

（2）对单个基础进行截面标注的内容和形式，与传统"单构件正投影表示方法"基本相同。对于已在基础平面布置图上原位标注清楚的该基础的平面几何尺寸，在截面图上可不再重复表达，具体表达内容可参照 22G101-3 图集中相应的标准构造。

7.1.5 独立基础的列表注写方式

独立基础采用列表注写方式，应在基础平面布置图上对所有基础进行编号，见表 7-1-1。

对多个同类基础，可采用列表注写（结合平面和截面示意图）的方式进行集中表达表中内容为基础截面的几何数据和配筋等，在平面和截面示意图上应标注与表中栏目相对应的代号。列表的具体内容规定如下：

（1）普通独立基础。普通独立基础列表集中注写栏目如下：

1）编号：见表 7-1-1。

2）几何尺寸：水平尺寸 x、y、x_i、y_i，$i=1$，2，3……；竖向尺寸 h_1/h_2……。

3）配筋：B：XΦ×× @×××，YΦ×× @×××。

普通独立基础列表格式见表 7-1-2。

普通独立基础几何尺寸和配筋表　　　　　　　　　　　　　　　　表 7-1-2

基础编号/ 截面号	截面几何尺寸						底部配筋(B)	
	x	y	x_i	y_i	h_1	h_2	x 向	y 向

注：表中可根据实际情况增加栏目。例如：当基础底面标高与基础底面基准标高不同时，加注基础底面标高；当为双柱独立基础时，加注基础顶部配筋或基础梁几何尺寸和配筋；当设置短柱时增加短柱尺寸及配筋等。

（2）杯口独立基础。杯口独立基础列表集中注写栏目为：

1）编号：见表 7-1-1。

2）几何尺寸：水平尺寸 x、y、x_u、y_u、x_{ui}、y_{ui}、t_i，x_i、y_i，$i=1$，2，3……；竖向尺寸 a_0、a_1，$h_1/h_2/h_3$……。

3）配筋：B：XΦ×× @×××，YΦ×× @×××，Sn×Φ××，O×Φ×× /Φ×× @×××/Φ×× @×××，ϕ×× @××× /×××。

杯口独立基础列表格式见表 7-1-3。

杯口独立基础几何尺寸和配筋表　　　　　　　　　　　　　　　　表 7-1-3

基础编号/ 截面号	截面几何尺寸								底部配筋(B)		杯口顶部钢筋网 (Sn)	短柱配筋(O)	
	x	y	x_i	y_i	a_0	a_1	h_1	h_2	x 向	y 向		角筋/x 边中部筋/ y 边中部筋	杯口壁箍筋/ 其他部位箍筋

注：1. 表中可根据实际情况增加栏目。如当基础底面标高与基础底面基准标高不同时，加注基础底面标高；或增加说明栏目等。

　　2. 短柱配筋适用于高杯口独立基础，并适用于杯口独立基础杯壁有配筋的情况。

7.1.6 其他

（1）与独立基础相关的基础联系梁的平法施工图设计，详见 22G101-3 图集第 7 章的相关规定。

（2）当杯口独立基础配合采用国家建筑标准设计预制基础梁时，应根据其要求，处理好相关构造。

7.2 独立基础标准构造详图

7.2.1 独立基础底板配筋构造

1. 独立基础 DJj、DJp、BJj、BJp 底板配筋构造

独立基础 DJj、DJp、BJj、BJp 底板配筋构造见表 7-2-1。

独立基础 DJj、DJp、BJj、BJp 底板配筋构造 表 7-2-1

类型	构 造 图	构 造 说 明
阶形		字母释义： s——y 向配筋间距； s'——x 向配筋间距； h_1、h_2——独立基础的竖向尺寸。 构造图解析： （1）独立基础底板配筋构造适用于普通独立基础和杯口独立基础。 （2）几何尺寸和配筋按具体结构设计和左图构造确定。 （3）独立基础底板双向交叉钢筋长向设置在下，短向设置在上

类型	构 造 图	构 造 说 明
锥形		字母释义： 　　s——y 向配筋间距； 　　s'——x 向配筋间距； h_1、h_2——独立基础的竖向尺寸。 构造图解析： 　（1）独立基础底板配筋构造适用于普通独立基础和杯口独立基础。 　（2）几何尺寸和配筋按具体结构设计和左图构造确定。 　（3）独立基础底板双向交叉钢筋长向设置在下，短向设置在上

2. 独立基础底板配筋长度减短 10% 构造

独立基础底板配筋长度减短 10% 构造见表 7-2-2。

独立基础底板配筋长度减短 10% 构造　　　　　　　表 7-2-2

类型	构 造 图	构 造 说 明
对称独立基础		字母释义： 　　s——y 向配筋间距； 　　s'——x 向配筋间距； h_1、h_2——独立基础的竖向尺寸。 构造图解析： 　（1）当独立基础底板长度≥2500mm 时，除外侧钢筋外，底板配筋长度可取相应方向底板长度的 0.9 倍，交错放置。 　（2）当非对称独立基础底板长度≥2500mm，但是该基础某侧从柱中心至基础底板边缘的距离<1250mm 时，钢筋在该侧不应减短

续表

类型	构 造 图	构 造 说 明
非对称独立基础		字母释义： s——y 向配筋间距； s'——x 向配筋间距； h_1、h_2——独立基础的竖向尺寸。 构造图解析： （1）当独立基础底板长度≥2500mm 时，除外侧钢筋外，底板配筋长度可取相应方向底板长度的 0.9 倍，交错放置，四边最外侧钢筋不缩短。 （2）当非对称独立基础底板长度≥2500mm，但是该基础某侧从柱中心至基础底板边缘的距离＜1250mm 时，钢筋在该侧不应减短

7.2.2 多柱独立基础底板顶部钢筋

1. 双柱普通独立基础底部与顶部配筋构造

双柱普通独立基础底部与顶部配筋构造如图 7-2-1 所示。

图 7-2-1 双柱普通独立基础配筋构造

s—y 向配筋间距；s'—x 向配筋间距；h_1、h_2—独立基础的竖向尺寸；

e_x、e_y—基础两个方向从柱外缘至基础外缘的伸出长度

（1）双柱普通独立基础底板的截面形状，可为阶形截面 DJj 或锥形界面 DJz。

（2）双柱普通独立基础底部双向交叉钢筋，根据基础两个方向从柱外缘至基础外缘的伸出长度 e_x 和 e_y 的大小，较大者方向的钢筋设置在下，较小者方向的钢筋设置在上。

2. 设置基础梁的双柱普通独立基础配筋构造

设置基础梁的双柱普通独立基础配筋构造如图 7-2-2 所示。

图 7-2-2　设置基础梁的双柱普通独立基础配筋构造

s—y 向配筋间距；h_1—独立基础的竖向尺寸；d—受拉钢筋直径；

a—钢筋间距；b—基础梁宽度；h_w—梁腹板高度

（1）双柱独立基础底板的截面形状，可为阶形截面 DJj 或锥形界面 DJz。

（2）双柱独立基础底部短向受力钢筋设置在基础梁纵筋之下，与基础梁紧固的下水平段位于同一层面。

（3）双柱独立基础所设置的基础梁宽度，宜比柱截面宽度宽不小于 100mm（每边不小于 50mm）。当具体设计的基础梁宽小于柱截面宽度时，施工时应按表 8-2-4 的规定增设梁包柱侧腋。

7.2.3 带短柱独立基础配筋构造

带短柱独立基础底板的截面形式可为阶形截面 BJj 或坡形截面 BJp。当为坡形截面且坡度较大时，应在坡面上安装顶部模板，以确保混凝土能够浇筑成型、振捣密实。带短柱独立基础配筋构造包括单柱和双柱两种。

1. 单柱带短柱独立基础配筋构造

带短柱独立基础底板的截面形式可为阶形截面 DJj 或锥形截面 DJz。当为锥形截面且坡度较大时，应在坡面上安装顶部模板，以确保混凝土能够浇筑成型、振捣密实。单柱带短柱独立基础配筋构造如图 7-2-3 所示。

图 7-2-3 单柱带短柱独立基础配筋构造

h_1、h_2—独立基础的竖向尺寸；l_a—纵向受拉钢筋非抗震锚固长度；

h_{DZ}—独立深基础短柱的竖向尺寸

2. 双柱带短柱独立基础配筋构造

带短柱独立基础底板的截面形式可为阶形面 DJj 或锥形截面 DJz。当为锥形截面且坡度较大时，应在坡面上安装顶部模板，以确保混凝土能够浇筑成型、振捣密实。带短柱独立基础如图 7-2-4 所示。

图 7-2-4 双柱带短柱独立基础配筋构造

h_1、h_2—独立基础的竖向尺寸；l_a—纵向受拉钢筋非抗震锚固长度；

h_{DZ}—独立深基础短柱的竖向尺寸

7.2.4 杯口独立基础构造

1. 杯口和双杯口独立基础构造

杯口和双杯口独立基础构造见表 7-2-3。

2. 高杯口独立基础配筋构造

高杯口独立基础底板的截面形状可为阶形截面 BJj 或锥形截面 BJz。当为锥形截面且坡度较大时，应在锥面上安装顶部模板，以确保混凝土能够浇筑成型、振捣密实。高杯口独立基础配筋构造如图 7-2-5 所示。

3. 双高杯口独立基础配筋构造

双高杯口独立基础配筋构造如图 7-2-6 所示。当双杯口的中间杯壁宽度 $t_5 < 400\text{mm}$ 时，设置中间杯壁构造配筋。

杯口和双杯口独立基础构造

表 7-2-3

名　称	构　造　图	构　造　说　明
杯口顶部焊接钢筋网		
杯口独立基础构造		字母释义： 　t_1、t_2、t_3、t_4、t_5——杯壁厚度； 　x_u、y_u——杯口上口尺寸； 　a_0——杯口深度； 　a_1——杯口内底部至基础底部距离； 　h_1、h_2、h_3——独立基础的竖向尺寸。 构造图解析： 　(1)杯口独立基础底板的截面形状可为阶形截面 BJj 或锥形截面 BJz。当为锥形截面且坡度较大时，应在坡面上安装顶部模板，以确保混凝土能够浇筑成型、振捣密实。 　(2)几何尺寸和配筋按具体结构设计和左图构造确定。 　(3)基础底板底部钢筋构造，详见7.2.1独立基础底板配筋构造。 　(4)当双杯口的中间杯壁宽度 t_5＜400mm 时，按左图所示设构造配筋施工
双杯口独立基础构造		

构造图中标注文字：

柱插入杯口部分的表面应凿毛，柱子与杯口之间的空隙用比基础混凝土强度等级高一级的细石混凝土先填底部，将柱校正后灌注，振实四周

杯口顶部焊接钢筋网

柱

当中间杯壁宽度 t_5＜400时的构造配筋

Φ8@300（分布钢筋）　Φ12@200

图 7-2-5 高杯口独立基础配筋构造

t_1、t_2、t_3、t_4—杯壁厚度；x_u、y_u—杯口上口尺寸；a_0—杯口深度；

a_1—杯口内底部至基础底部距离；h_1、h_2、h_3—独立基础的竖向尺寸

图 7-2-6　双高杯口独立基础配筋构造

t_1、t_2、t_3、t_4、t_5—杯壁厚度；x_u、y_u—杯口上口尺寸；a_0—杯口深度；

a_1—杯口内底部至基础底部距离；h_1、h_2、h_3—独立基础的竖向尺寸

练　习　题

1. 独立基础的平面注写方式有哪些?

2. 如何掌握独立基础的编号?

3. 独立基础截面竖向尺寸是由什么组成的？

4. 独立基础的截面注写方式有哪些规定？

5. 独立基础 DJj、DJp、BJj、BJp 底板配筋构造做法有哪些？

6. 双柱普通独立基础底部与顶部配筋构造做法如何？

7. 如何设置基础梁的双柱普通独立基础配筋？

8. 独立基础底板配筋长度缩减 10% 构造做法有哪些？

9. 带短柱独立基础配筋构造做法有哪些？

10. 杯口和双杯口独立基础构造做法有哪些？

11. 高杯口独立基础配筋构造做法如何？

8 条形基础平法识图

8.1 条形基础平法施工图制图规则

8.1.1 条形基础平法施工图的表示方法

（1）条形基础平法施工图，包括平面注写与列表注写两种表达方式，设计者可根据具体工程情况选择一种，或将两种方式相结合进行条形基础的施工图设计。

（2）当绘制条形基础平面布置图时，应将条形基础平面与基础所支承的上部结构的柱、墙一起绘制。当基础底面标高不同时，需注明与基础底面基准标高不同之处的范围和标高。

（3）当梁板式基础梁中心或板式条形基础板中心与建筑定位轴线不重合时，应标注其定位尺寸；对于编号相同的条形基础，可仅选择一个进行标注。

（4）条形基础整体上可分为以下两类：

1）梁板式条形基础。它适用于钢筋混凝土框架结构、框架-剪力墙结构、部分框支剪力墙结构和钢结构。平法施工图将梁板式条形基础分解为基础梁和条形基础底板分别进行表达。

2）板式条形基础。它适用于钢筋混凝土剪力墙结构和砌体结构。平法施工图仅表达条形基础底板。

8.1.2 条形基础编号

条形基础编号分为基础梁和条形基础底板编号，应符合表 8-1-1 的规定。

条形基础梁及底板编号 表 8-1-1

类型		代号	序号	跨数及有无外伸
基础梁		JL	××	(××)端部无外伸
条形基础底板	坡形	TJBp	××	(××A)一端有外伸
	阶形	TJBj	××	(××B)两端有外伸

注：条形基础通常采用坡形截面或单阶形截面。

8.1.3 基础梁的平面注写方式

（1）基础梁 JL 的平面注写方式，分集中标注和原位标注两部分内容。当集中标注的某项数值不适用于基础梁的某部位时，则将该项数值采用原位标注。施工时，原位标注优先。

（2）基础梁的集中标注内容包括：基础梁编号、截面尺寸和配筋三项必注内容，以及基础梁底面标高（与基础底面基准标高不同时）和必要的文字注解两项选注内容。具体规定如下：

1）注写基础梁编号（必注内容），见表 8-1-1。

2）注写基础梁截面尺寸（必注内容）。注写 $b \times h$，表示梁截面宽度与高度。当为竖向加腋梁时，用 $b \times h Y c_1 \times c_2$ 表示，其中 c_1 为腋长，c_2 为腋高。见示意图 8-1-1。

图 8-1-1　竖向加腋截面注写示意

3）注写基础梁配筋（必注内容）。

① 注写基础梁箍筋：

a. 当具体设计仅采用一种箍筋间距时，注写钢筋种类、直径、间距与肢数（箍筋肢数写在括号内，下同）。

b. 当具体设计采用两种箍筋时，用"/"分隔不同箍筋，按照从基础梁两端向跨中的顺序注写。先注写第 1 段箍筋（在前面加注箍筋道数），在斜线后再注写第 2 段箍筋（不再加注箍筋道数）。

【例】　$9\phi16@100/\phi16@200$（6）表示配置两种间距的 HRB400 箍筋，直径为 16mm，从梁两端其向跨内箍筋间距 100mm 每端各设置 9 道，梁其余部位的箍筋间距为 200mm，均为 6 肢箍。

施工时应注意：两向基础梁相交的柱下区域，应有一向截面较高的基础梁按梁端箍筋贯通设置；当两向基础梁高度相同时，任选一向基础梁箍筋贯通设置。

② 注写基础梁底部、顶部及侧面纵向钢筋：

a. 以 B 打头，注写梁底部贯通纵筋（不应少于梁底部受力钢筋总截面面积的 1/3）。当跨中所注根数少于箍筋肢数时，需要在跨中增设梁底部架立筋以固定箍筋，采用"＋"将贯通纵筋与架立筋相连，架立筋注写在加号后面的括号内。

b. 以 T 打头，注写梁顶部贯通纵筋。注写时用分号"；"将底部与顶部贯通纵筋分隔开，如有个别跨与其不同者按本规则下述第（3）条原位注写的规定处理。

c. 当梁底部或顶部贯通纵筋多于一排时，用"/"将各排纵筋自上而下分开。

【例】　B：$4\phi25$；$12\phi25$ 7/5，表示梁底部配置贯通纵筋为 $4\phi25$；梁顶部配置贯通纵筋上一排为 $7\phi25$，下一排为 $5\phi25$，共 $12\phi25$。

d. 以大写字母 G 打头注写梁两侧面对称设置的纵向构造钢筋的总配筋值（当梁腹板净高 h_w 不小于 450mm 时，根据需要配置）。

【例】　$G8\phi14$，表示梁每个侧面配置纵向构造钢筋 $4\phi14$，共 $8\phi14$。

当需要配置抗扭纵向钢筋时，梁两个侧面设置的抗扭纵向钢筋以 N 打头。

【例】　$N8\phi16$ 表示梁的两个两个侧面共配置 $8\phi16$ 的纵向抗扭钢筋，沿截面周边均匀对称设置。

注：1. 当为梁侧面构造钢筋时，其搭接与锚固长度可取为 $15d$。

2. 当为梁侧面受扭纵向钢筋时，其锚固长度为 l_a，搭接长度为 l_l；其锚固方式同基础梁上部纵筋。

4）注写基础梁底面标高（选注内容）。当条形基础的底面标高与基础底面基准标高不同时，将条形基础底面标高注写在"（　）"内。

5）必要的文字注解（选注内容）。当基础梁的设计有特殊要求时，宜增加必要的文字注解。

（3）基础梁 JL 的原位标注规定如下：

1）基础梁支座的底部纵筋是指包含贯通纵筋与非贯通纵筋在内的所有纵筋：

① 当底部纵筋多于一排时，用"/"将各排纵筋自上而下分开。

② 当同排纵筋有两种直径时，用"＋"将两种直径的纵筋相连。

【例】 在基础梁支座处原位注写 $2\Phi25＋2\Phi22$，表示基础梁支座底部有 4 根纵筋，$2\Phi25$ 分别放在角部，$2\Phi22$ 放在中部。

③ 当梁支座两边的底部纵筋配置不同时，需在支座两边分别标注；当梁支座两边的底部纵筋相同时，可仅在支座的一边标注。

④ 当梁支座底部全部纵筋与集中注写过的底部贯通纵筋相同时，可不再重复做原位标注。

⑤ 竖向加腋梁加腋部位钢筋，需在设置加腋的支座处以 Y 打头注写在括号内。

【例】 竖向加腋梁端（支座）处注写为 $Y4\Phi25$，表示竖向加腋部位斜纵筋为 $4\Phi25$。

设计时应注意：对于梁底部在同一平面上的梁，梁的支座两边配置不同的底部非贯通纵筋时，应先按较小一边的配筋值选配相同直径的纵筋贯穿支座，再将较大一边的配筋差值选配适当直径的钢筋锚入支座，避免造成支座两边大部分钢筋直径不相同的不合理配置结果。

施工及预算方面应注意：当底部贯通纵筋经原位注写修正，出现两种不同配置的底部贯通纵筋时，应在两毗邻跨中配置较小一跨的跨中连接区域进行连接（即配置较大一跨的底部贯通纵筋需伸出至毗邻跨的跨中连接区域）。

2）原位注写基础梁的附加箍筋或（反扣）吊筋。当两向基础梁十字交叉，但是交叉位置无柱时，应根据需要设置附加箍筋或（反扣）吊筋。

将附加箍筋或（反扣）吊筋直接画在平面图中条形基础主梁上，原位直接引注总配筋值（附加箍筋的肢数注在括号内）。当多数附加箍筋或（反扣）吊筋相同时，可在条形基础平法施工图上统一注明。少数与统一注明值不同时，再原位直接引注。

施工时应注意：附加箍筋或（反扣）吊筋的几何尺寸应按照标准构造详图，结合其所在位置的主梁和次梁的截面尺寸确定。

3）原位注写基础梁外伸部位的变截面高度尺寸。当基础梁外伸部位采用变截面高度时，在该部位原位注写 $b\times h_1/h_2$，h_1 为根部截面高度，h_2 为尽端截面高度。见示意图 8-1-2。

图 8-1-2 竖向加腋截面注写示意图

4）原位注写修正内容。当在基础梁上集中标注的某项内容（如截面尺寸、箍筋、底部与顶部贯通纵筋或架立筋、梁侧面纵向构造钢筋、梁底面标高等）不适用于某跨或某外伸部位，施工时原位标注取值优先。

当在多跨基础梁的几种标注中已著名竖向加腋，而该梁某跨跟部不需要竖向加腋时，则应在该跨原位标注截面尺寸 $b \times h$，以修正集中标注中的竖向加腋要求。

8.1.4 基础梁底部非贯通纵筋的长度规定

（1）为方便施工，凡基础梁柱下区域底部非贯通纵筋的伸出长度 a_0 值，当配置不多于两排时，在标准构造详图中统一取值为自柱边向跨内伸出至 $l_n/3$ 位置；当非贯通纵筋配置多于两排时，从第三排起向跨内的伸出长度值应由设计者注明。l_n 的取值规定为：边跨边支座的底部非贯通纵筋，l_n 取本边跨的净跨长度值；对于中间支座的底部非贯通纵筋，l_n 取支座两边较大一跨的净跨长度值。

（2）基础梁外伸部位底部第一排纵筋伸出至梁端头并全部上弯；其他排钢筋伸至梁端头后截断，相关构造见梁板式筏形基础梁 JL 端部与外伸部位钢筋构造条形基础梁 JL 端部与外伸部位钢筋构造图。

（3）设计者在执行第（1）、（2）条底部非贯通纵筋伸出长度的统一取值规定时，应注意按《混凝土结构设计规范》GB 50010—2010、《建筑地基基础设计规范》GB 50007—2011 和《高层建筑混凝土结构技术规程》JGJ 3—2010 的相关规定进行校核，若不满足时应另行变更。

8.1.5 条形基础底板的平面注写方式

（1）条形基础底板 TJBp、TJBj 的平面注写方式，分集中标注和原位标注两部分内容。

（2）条形基础底板的集中标注内容包括：条形基础底板编号、截面竖向尺寸、配筋三项必注内容，以及条形基础底板底面标高（与基础底面基准标高不同时）、必要的文字注解两项选注内容。

素混凝土条形基础底板的集中标注，除无底板配筋内容外与钢筋混凝土条形基础底板相同。具体规定如下：

1）注写条形基础底板编号（必注内容），见表 8-1-1。条形基础底板向两侧的截面形状通常包括以下两种：

2）注写条形基础底板截面竖向尺寸（必注内容）。注写 $h_1/h_2/\cdots\cdots$，具体标注如下：

① 当条形基础底板为坡形截面时，注写为 h_1/h_2，如图 8-1-3 所示。

【**例**】 当条形基础底板为坡形截面 TJBp××，其截面竖向尺寸注写 300/250 时，表示 $h_1 = 300mm$、$h_2 = 250mm$，基础底板根部总高度为 550mm。

② 当条形基础底板为阶形截面时，如图 8-1-4 所示。

【**例**】 当条形基础底板为阶形截面 TJBj××，其截面竖向尺寸注写为 300mm 时，表示 $h_1 = 300mm$，即为基础底板总高度。

图 8-1-3 条形基础底板坡形截面竖向尺寸

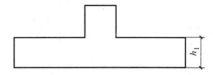

图 8-1-4 条形基础底板阶形截面竖向尺寸

图 8-1-4 为单阶，当为多阶时各阶尺寸自下而上以"/"分隔顺写。

3) 注写条形基础底板底部及顶部配筋（必注内容）。

以 B 打头，注写条形基础底板底部的横向受力钢筋；以 T 打头，注写条形基础底板顶部的横向受力钢筋；注写时，用"/"分隔条形基础底板的横向受力钢筋与纵向分布钢筋，如图 8-1-5 和图 8-1-6 所示。

【**例**】 当条形基础底板配筋标注为：B： Φ 14@ 150/8@250；表示条形基础，底板底部配置 HRB400 横向受力钢筋，直径为 14mm，间距 150mm；配置 HPB300 纵向分布钢筋，直径为 8mm，间距 250mm，见示意图 8-1-5。

图 8-1-5 条形基础底板底部配筋示意图

【**例**】 当为双梁（或双墙）条形基础底板时，除在底板底部配置钢筋外，一般尚需在两根梁或两道墙之间的底板顶部配置钢筋。其中，横向受力钢筋的锚固长度 l_a 从梁的内边缘（或墙内边缘）起算，见示意图 8-1-6。

图 8-1-6 双梁条形基础底板配筋示意图

4）注写条形基础底板底面标高（选注内容）。当条形基础底板的底面标高与条形基础底面基准标高不同时，应将条形基础底板底面标高注写在"（ ）"内。

5）必要的文字注解（选注内容）。当条形基础底板有特殊要求时，应增加必要的文字注解。

（3）条形基础底板的原位标注规定如下：

1）原位注写条形基础底板的平面尺寸。原位标注 b、b_i，$i=1$，2，……。其中，b

图 8-1-7　条形基础底板平面尺寸原位标注

为基础底板总宽度，b_i 为基础底板台阶的宽度。当基础底板采用对称于基础梁的坡形截面或单阶形截面时，b_i 可不注，如图 8-1-7 所示。

素混凝土条形基础底板的原位标注与钢筋混凝土条形基础底板相同。

对于相同编号的条形基础底板，可仅选择一个进行标注。

条形基础存在双梁或双墙共用同一基础底板的情况，当为双梁或为双墙并且梁或墙荷载差别较大时，条形基础两侧可取不同的宽度，实际宽度以原位标注的基础底板两侧非对称的不同台阶宽度 b_i 进行表达。

2）原位注写修正内容。当在条形基础底板上集中标注的某项内容，例如底板截面竖向尺寸、底板配筋、底板底面标高等，不适用于条形基础底板的某跨或某外伸部分时，可将其修正内容原位标注在该跨或该外伸部位，施工时原位标注取值优先。

（4）采用平面注写方式表达的条形基础设计施工图如图 8-1-8 所示。

条形基础平法施工图平面注写方式示例

图 8-1-8　采用平面注写方式表达的条形基础设计施工图示意

注：±0.000 的绝对标高（m）：×××.×××；基础底面标高：-×.×××。

8.1.6 条形基础的列表注写方式

（1）采用列表注写方式，应在基础平面布置图上对所有条形基础进行编号原则见表 8-1-1。

（2）对多个条形基础可采用列表注写（结合截面示意图）的方式进行几种表达。表中内容为条形基础截面的几何数据和配筋，截面示意图上应标注与表中栏目相对应的代号。列表的具体内容规定如下：

1）基础梁。基础梁列表集中注写栏目如下：

① 编号：注写 JL×× （××）、JL×× （××A） 或 JL×× （××B）。

② 几何尺寸：梁截面宽度与高度 $b×h$。当为竖向加腋梁时，注写 $b×h$ $Yc_1×c_2$。其中，c_1 为腋长，c_2 为腋高。

③ 配筋：注写基础梁底部贯通纵筋＋非贯通纵筋，顶部贯通纵筋，箍筋。当设计为两种箍筋时，箍筋注写为：第一种箍筋/第二种箍筋，第一种箍筋为梁端部箍筋，注写内容包括箍筋的箍数、钢筋级别、直径、间距与肢数。

基础梁列表格式见表 8-1-2。

基础梁几何尺寸和配筋表　　　　　　　　表 8-1-2

基础梁编号/截面号	截面几何尺寸		配　筋	
	$b×h$	竖向加腋 $c_1×c_2$	底部贯通纵筋＋非贯通纵筋，顶部贯通纵筋	第一种箍筋/第二种箍筋

注：1. 表中可根据实际情况增加栏目，如增加基础梁底面标高等。
　　2. 表中非贯通纵筋需配合原位标注使用。

2）条形基础底板。条形基础底板列表集中注写栏目如下：

① 编号：坡形截面编号为 TJBp×× （××）、TJBp×× （××A） 或 TJBp×× （××B），阶形截面编号为 TJBj×× （××）、TJBj×× （××A） 或 TJBj×× （××B）。

② 几何尺寸：水平尺寸 b、b_i，$i=1$，2，……；竖向尺寸 h_1/h_2。

③ 配筋：B：Φ××@×××/Φ××@×××。

条形基础底板列表格式见表 8-1-3。

条形基础底板几何尺寸和配筋表　　　　　　　　表 8-1-3

基础底板编号/截面号	截面几何尺寸			底部配筋(B)	
	b	b_i	h_1/h_2	横向受力钢筋	纵向分布钢筋

注：表中可根据实际情况增加栏目，如增加上部配筋、基础底板底面标高（与基础底板底面基准标高不一致时）等。

8.1.7 其他

与条形基础相关的基础连系梁、后浇带的平法施工图设计，详见 22G101-3 图集第 7 章的相关规定。

8.2 条形基础标准构造详图

8.2.1 基础梁 JL 钢筋构造

1. 基础梁 JL 端部与外伸部位钢筋构造

基础梁 JL 端部与外伸部位钢筋构造见表 8-2-1。

基础梁 JL 端部与外伸部位钢筋构造   表 8-2-1

名称	构造图	构造说明
条形基础梁端部等截面外伸构造		字母释义： l_a——受拉钢筋非抗震锚固长度； l_n'——端部外伸长度； h_c——柱截面沿基础梁方向的高度； d——受拉钢筋直径； h、h_1、h_2——基础梁竖向尺寸。 构造图解析： 端部等（变）截面外伸构造中，当从柱内边算起的梁端部外伸长度不满足直锚要求时，基础梁下部钢筋应伸至端部后弯折，且从柱内边算起水平段长度$\geqslant 0.6 l_{ab}$，弯折段长度 15d
条形基础梁端部变截面外伸构造		

2. 基础梁 JL 梁底不平和变截面部位钢筋构造

基础梁 JL 梁底不平和变截面部位钢筋构造见表 8-2-2。

基础梁 JL 梁底不平和变截面部位钢筋构造 　　　　　　表 8-2-2

名　称	构　造　图	构　造　说　明
梁底有高差钢筋构造		
梁底、梁顶均有高差钢筋构造		字母释义： l_a——受拉钢筋非抗震锚固长度； l_{ab}——受拉钢筋的非抗震基本锚固长度； l_n——本边跨的净跨长度值； h_c——柱截面沿基础梁方向的高度； d——受拉钢筋直径。 构造图解析： （1）当基础梁变标高及变截面形式与左图不同时，其构造应由设计者另行设计；如果要求施工方面参照左图的构造方式，应提供相应改动的变更说明。 （2）梁底高差坡度根据场地实际情况可取 30°、45°或 60°角
梁底、梁顶均有高差钢筋构造（仅用于条形基础）		

名　称	构　造　图	构　造　说　明
梁顶有高差钢筋构造		字母释义： l_a——受拉钢筋非抗震锚固长度； l_{ab}——受拉钢筋的非抗震基本锚固长度； l_n——本边跨的净跨长度值； h_c——柱截面沿基础梁方向的高度； d——受拉钢筋直径。 构造图解析： （1）当基础梁变标高及变截面形式与左图不同时，其构造应由设计者另行设计；如果要求施工方面参照左图的构造方式，应提供相应改动的变更说明。 （2）梁底高差坡度根据场地实际情况可取 30°、45°或 60°角
柱两边梁宽不同钢筋构造		

3. 基础梁侧面构造纵筋和拉筋

基础梁侧面构造纵筋和拉筋见表 8-2-3。

4. 基础梁 JL 与柱结合部侧腋构造

基础梁 JL 与柱结合部侧腋构造见表 8-2-4。

5. 基础梁 JL 配置两种箍筋构造

基础梁 JL 配置两种箍筋构造如图 8-2-1 所示。

基础梁侧面构造纵筋和拉筋   表 8-2-3

名　　称	构　造　图	构　造　说　明
基础梁侧面构造纵筋和拉筋		
图一		字母释义： 　a——侧面构造纵筋间距； 　d——纵向受拉钢筋直径； 　h_w——梁腹板高度。
图二		构造图解析： 　(1)梁侧钢筋的拉筋直径除注明者外均为 8mm，间距为箍筋间距的 2 倍。当设有多排拉筋时，上下两排拉筋竖向错开设置。
图三		(2)基础梁侧面纵向构造钢筋搭接长度为 15d。十字相交的基础梁，当相交位置有柱时，侧面构造纵筋锚入梁包柱侧腋内 15d（如图一）；当无柱时侧面构造纵筋锚入交叉梁内 15d（如图四）。丁字相交的基础梁，当相交位置无柱时，横梁外侧的构造纵筋应贯通，横梁内侧的构造纵筋锚入交叉梁内 15d（如图五）。
图四		(3)基础梁侧面受扭纵筋的搭接长度为 l_l，其锚固长度为 l_a，锚固方式同梁上部纵筋
图五		

基础梁 JL 与柱结合部侧腋构造

表 8-2-4

名　称	构　造　图	构　造　说　明
十字交叉基础梁与柱结合部侧腋构造		
丁字交叉基础梁与柱结合部侧腋构造		字母释义： l_a——受拉钢筋非抗震锚固长度。 构造图解析： （1）除基础梁比柱宽且完全形成梁包柱的情况外，所有基础梁与柱结合部位均按左图加侧腋。 （2）当基础梁与柱等宽，或柱与梁的某一侧面相平时，存在因梁纵筋与柱纵筋同在一个平面内导致直通交叉遇阻情况，此时应适当调整基础梁宽度使柱纵筋直通锚固。 （3）当柱与基础梁结合部位的梁顶面高度不同时，梁包柱侧腋顶面应与较高基础梁的梁顶面一平（即在同一平面上），侧腋顶面至较低梁顶面高差内的侧腋，可参照角柱或丁字交叉基础梁包柱侧腋构造进行施工 （4）当侧腋水平钢筋作为柱纵筋锚固去横向钢筋时，应满足直径≥$d/4$（d 为纵筋最大直径），间距≤$5d$（d 为纵筋最小直径）且≤100mm 的要求
无外伸基础梁与角柱结合部侧腋构造		
基础梁中心穿柱侧腋构造		
基础梁偏心穿柱与柱结合部侧腋构造		

图 8-2-1　基础梁 JL 配置两种箍筋构造

l_{ni}、l_{ni+1}、l_{ni+2}、l_{ni+3}——基础梁的本跨净跨值；h_c——柱截面沿基础梁方向的高度

（1）当具体设计未注明时，基础梁的外伸部位以及基础梁端部节点内按第一种箍筋设置。

（2）基础梁竖向加腋部位的钢筋见设计标注。加腋范围的箍筋与基础梁的箍筋配置相同，仅箍筋高度为变值。

（3）基础梁的梁柱结合部位所加侧腋（见表 8-2-4）顶面与基础梁非竖向加腋段顶面相平，不随梁竖向加腋的升高而变化。

8.2.2　条形基础底板配筋构造

1. 条形基础底板配筋构造

条形基础底板配筋构造如图 8-2-2、图 8-2-3 所示。

图 8-2-2　条形基础底板配筋构造（一）

b—条形基础底板宽度；h_1、h_2—条形基础竖向尺寸；s—配筋间距

图 8-2-3 条形基础底板配筋构造（二）

b—条形基础底板宽度；h_1、h_2—条形基础竖向尺寸；s—配筋间距

（1）条形基础底板的分布钢筋在梁宽范围内不设置。

（2）在两向受力钢筋交接处的网状部位，分布钢筋与同向受力钢筋的构造搭接长度为 150mm。

2. 墙下条形基础底板板底不平构造

墙下条形基础底板板底不平构造如图 8-2-4 和图 8-2-5 所示。

图 8-2-4 墙下条形基础底板板底不平构造（一）

3. 柱下条形基础底板板底不平构造

柱下条形基础底板板底不平构造如图 8-2-6 所示。

图 8-2-5 墙下条形基础底板板底不平构造（二）

（板底高差坡高 α 取 45°或按设计）

l_a—受拉钢筋非抗震锚固长度；h—条形基础底板高度

图 8-2-6 柱下条形基础底板板底不平构造

l_a—受拉钢筋非抗震锚固长度（板底高差坡度 α 取 45°或按设计）

4. 条形基础底板配筋长度减短 10％构造

条形基础底板配筋长度减短 10％构造如图 8-2-7 所示。

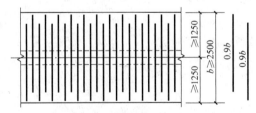

图 8-2-7 条形基础底板配筋长度减短 10％构造

b—条形基础底板宽度

（底板交接区的受力钢筋和无交接底板时端部第一根钢筋不应减短）

练 习 题

1. 条形基础平法施工图的表示方法是什么？

2. 条形基础的编号有何规定？

3. 条形基础基础梁集中标注的内容有哪些?

4. 条形基础基础梁原位标注的内容有哪些?

5. 基础梁底部非贯通纵筋的长度有何规定?

6. 条形基础的截面注写方式有哪些规定?

7. 基础梁 JL 端部与外伸部位钢筋构造做法有哪些?

8. 基础梁 JL 梁底不平和变截面部位钢筋构造做法有哪些?

9. 基础梁 JL 与柱结合部侧腋构造做法有哪些?

10. 条形基础底板配筋构造有哪些?

11. 墙下条形基础与柱下条形基础底板板底不平构造有何区别?

9 筏形基础平法识图

9.1 筏形基础平法施工图制图规则

9.1.1 梁板式筏形基础平法施工图制图规则

1. 梁板式筏形基础平法施工图的表示方法

（1）梁板式筏形基础平法施工图是在基础平面布置图上采用平面注写方式进行表达。

（2）当绘制基础平面布置图时，应将梁板式筏形基础与其所支承的柱、墙一起绘制。梁板式筏形基础以多数相同的基础平板底面标高作为基础底面基准标高。当基础底面标高不同时，需注明与基础底面基准标高不同之处的范围和标高。

（3）通过选注基础梁底面与基础平板底面的标高高差来表达两者间的位置关系，可以明确其"高板位"（梁顶与板顶相平）、"低板位"（梁底与板底相平）以及"中板位"（板在梁的中部）三种不同位置组合的筏形基础，方便设计表达。

（4）对于轴线未居中的基础梁，应标注其定位尺寸。

2. 梁板式筏形基础构件的类型与编号

梁板式筏形基础由基础主梁，基础次梁，基础平板等构成，编号应符合表 9-1-1 的规定。

梁板式筏形基础构件编号　　　　　　　　　　　　　　　表 9-1-1

构件类型	代号	序号	跨数及有无外伸
基础主梁（柱下）	JL	××	(××)或(××A)或(××B)
基础次梁	JCL	××	(××)或(××A)或(××B)
梁板式筏形基础平板	LPB	××	

注：1.（××A）为一端有外伸，（××B）为两端有外伸，外伸不计入跨数。

2. 梁板式筏形基础平板跨数及是否有外伸分别在 x、y 两向的贯通纵筋之后表达。图面从左至右为 x 向，从下至上为 y 向。

3. 22G101-3 图集基础次梁 JCL 表示端支座为铰接；当基础次梁 JCL 端支座下部钢筋为充分利用钢筋的抗拉强度时，用 JCLg 表示。

3. 基础主梁与基础次梁的平面注写方式

（1）基础主梁 JL 与基础次梁 JCL 的平面注写，分集中标注与原位标注两部分内容。当集中标注中的某项数值不适用于梁的某部位时，则将该项数值采用原位标注，施工时，原位标注优先。

(2) 基础主梁 JL 与基础次梁 JCL 的集中标注内容包括：基础梁编号、截面尺寸、配筋三项必注内容，以及基础梁底面标高高差（相对于筏形基础平板底面标高）一项选注内容。具体规定如下：

1) 注写基础梁的编号，见表 9-1-1。

2) 注写基础梁的截面尺寸。以 $b×h$ 表示梁截面宽度与高度；当为竖向加腋梁时，用 $b×h \ Yc_1×c_2$ 表示，其中 c_1 为腋长，c_2 为腋高。

3) 注写基础梁的配筋。

① 注写基础梁箍筋

a. 当采用一种箍筋间距时，注写钢筋级别、直径、间距与肢数（写在括号内）。

b. 当采用两种箍筋时，用"/"分隔不同箍筋，按照从基础梁两端向跨中的顺序注写。先注写第 1 段箍筋（在前面加注箍数），在斜线后再注写第 2 段箍筋（不再加注箍数）。

【例】 9Φ16@100/Φ16@200（6），表示配置 HRB400，直径为 16mm 的箍筋。间距为两种，从梁两端起向跨内按箍筋间距 100mm 每端各设置 9 道，梁其余部位的箍筋间距为 200mm，均为 6 肢箍。

施工时应注意：两向基础主梁相交的柱下区域，应有一向截面较高的基础主梁按梁端箍筋贯通设置；当两向基础主梁高度相同时，任选一向基础主梁箍筋贯通设置。

② 注写基础梁的底部、顶部及侧面纵向钢筋。

a. 以 B 打头，先注写梁底部贯通纵筋（不应少于底部受力钢筋总截面面积的 1/3）。当跨中所注根数少于箍筋肢数时，需要在跨中加设架立筋以固定箍筋，注写时，用加号"+"将贯通纵筋与架立筋相连，架立筋注写在加号后面的括号内。

b. 以 T 打头，注写梁顶部贯通纵筋值。注写时用分号";"将底部与顶部纵筋分隔开，若有个别跨与其不同，按下述第（3）条原位注写的规定处理。

【例】 B4Φ32；T7Φ32，表示梁的底部配置 4Φ32 的贯通纵筋，梁的顶部配置 7Φ32 的贯通纵筋。

c. 当梁底部或顶部贯通纵筋多于一排时，用斜线"/"将各排纵筋自上而下分开。

【例】 梁底部贯通纵筋注写为 B8Φ28 3/5，则表述上一排纵筋为 3Φ28，下一排纵筋为 5Φ28。

d. 以大写字母 G 打头注写基础梁两侧面对称设置的纵向构造钢筋的总配筋值（当梁腹板高度 h_w 不小于 450mm 时，根据需要配置）。

【例】 G8Φ16，表示梁的两个侧面共配置 8Φ16 的纵向构造钢筋，每侧各配置 4Φ16。当需要配置抗扭纵向钢筋时，梁两个侧面设置的抗扭纵向钢筋以 N 打头。

【例】 N8Φ16，表示梁的两个侧面共配置 8Φ16 的纵向抗扭钢筋，沿截面是周边均匀对称设置。

注：1. 当为梁侧面构造钢筋时，其搭接与锚固长度可取为 15d。

2. 当为梁侧面受扭纵向钢筋时，其锚固长度为 l_a，搭接长度为 l_l；其锚固方式同基础梁上部纵筋。

4）注写基础梁底面标高高差（是指相对于筏形基础平板底面标高的高差值），该项为选注值。有高差时需将高差写入括号内（例如"高板位"与"中板位"基础梁的底面与基础平板底面标高的高差值），无高差时不注（例如"低板位"筏形基础的基础梁）。

（3）基础主梁与基础次梁的原位标注规定如下：

1）梁支座的底部纵筋是指包括贯通纵筋与非贯通纵筋在内的所有纵筋：

① 当底部纵筋多于一排时，用斜线"/"将各排纵筋自上而下分开。

【例】 梁端（支座）区域底部纵筋注写为 10Φ45 4/6，则表示上一排纵筋为 4Φ25，下一排纵筋为 6Φ25。

② 当同排纵筋有两种直径时，用加号"＋"将两种直径的纵筋相连。

【例】 梁端（支座）区域底部纵筋注写为 4Φ28＋2Φ25，表示一排纵筋由两种不同直径钢筋组合。

③ 当梁中间支座两边的底部纵筋配置不同时，需在支座两边分别标注；当梁中间支座两边的底部纵筋相同时，可仅在支座的一边标注配筋值。

④ 当梁端（支座）区域的底部全部纵筋与集中注写过的贯通纵筋相同时，可不再重复做原位标注。

⑤ 竖向加腋梁加腋部位钢筋，需在设置加腋的支座处以 Y 打头注写在括号内。

【例】 竖向加腋梁端（支座）处注写为 Y4Φ25，表示竖向加腋部位斜纵筋为 4Φ25。

设计时应注意：对于梁底部在同一个平面上的梁，梁的支座两边配置不同的底部非贯通纵筋时，应先按较小一边的配筋值选配相同直径的纵筋贯穿支座，再将较大一边的配筋差值选配适当直径的钢筋锚入支座，避免造成支座两边大部分钢筋不相同的不合理配置结果。

施工及预算方面应注意：当底部贯通纵筋经原位修正注写后，两毗邻跨中配置较小一跨的跨中连接区域连接（即配置较大一跨的底部贯通纵筋需越过其跨数终点或起点伸至毗邻跨的跨中连接区域）。

2）注写基础梁的附加箍筋或（反扣）吊筋。将其直接画在平面图中的主梁上，用线引注总配筋值（附加箍筋的肢数注在括号内），当多数附加箍筋或（反扣）吊筋相同时，可在基础梁平法施工图上统一注明，少数与统一注明值不同时，再原位引注。

施工时应注意：附加箍筋或（反扣）吊筋的几何尺寸应按照标准构造详图，结合其所在位置的主梁和次梁的截面尺寸确定。

3）当基础梁外伸部位变截面高度时，在该部位原位注写 $b \times h_1/h_2$，h_1 为根部截面高度，h_2 为尽端截面高度。

4）注写修正内容。当在基础梁上集中标注的某项内容（如梁截面尺寸、箍筋、底部与顶部贯通纵筋或架立筋、梁侧面纵向构造钢筋、梁底面标高高差等）不适用于某跨或某外伸部分时，则将其修正内容原位标注在该跨或该外伸部位，施工时原位标注取值优先。

当在多跨基础梁的集中标注中已注明竖向加腋，而该梁某跨根部不需要竖向加腋时，则应在该跨原位标注等截面的 $b \times h$，以修正集中标注中的加腋信息。

（4）按以上各项规定的组合表达方式，详见基础主梁与基础次梁标注图示（图 9-1-1）。

图 9-1-1 基础主梁 JL 与基础次梁 JCL 标注图示

4. 基础梁底部非贯通纵筋的长度规定

（1）为方便施工，凡基础主梁柱下区域和基础次梁支座区域底部非贯通纵筋的伸出长度 a_0 值，当配置不多于两排时，在标准构造详图中统一取值为自支座边向跨内伸出至 $l_n/3$ 位置；当非贯通纵筋配置多于两排时，从第三排起向跨内的伸出长度值应由设计者注明。l_n 的取值规定为：边跨边支座的底部非贯通纵筋，l_n 取本边跨的净跨长度值；中间支座的底部非贯通纵筋，l_n 取支座两边较大一跨的净跨长度值。

（2）基础主梁与基础次梁外伸部位底部纵筋伸出至梁端头并全部上弯；其他排伸至梁端头后截断。

（3）设计者在执行第（1）、（2）条基础梁底部非贯通纵筋伸出长度的统一取值规定时，应注意按《混凝土结构设计规范》GB 50010—2010、《建筑地基基础设计规范》GB 50007—2011 和《高层建筑混凝土结构技术规程》JGJ 3—2010 的相关规定进行校核。若不满足时，应另行变更。

5. 梁板式筏形基础平板的平面注写方式

（1）梁板式筏形基础平板 LPB 的平面注写，分集中标注与原位标注两部分内容。

（2）梁板式筏形基础平板 LPB 的集中标注，应在所表达的板区双向均为第一跨（x

与 y 双向首跨）的板上引出（图面从左至右为 x 向，从下至上为 y 向）。

板区划分条件：板厚相同、基础平板底部与顶部贯通纵筋配置相同的区域为同一板区。

集中标注的内容规定如下：

1）注写基础平板的编号，见表 9-1-1。

2）注写基础平板的截面尺寸。注写 $h=\times\times\times$ 表示板厚。

3）注写基础平板的底部与顶部贯通纵筋及其跨数及外伸情况。先注写 x 向底部（B 打头）贯通纵筋与顶部（T 打头）贯通纵筋及纵向长度范围；再注写 y 向底部（B 打头）贯通纵筋与顶部（T 打头）贯通纵筋及其跨数及外伸情况（图面从左至右为 x 向，从下至上为 y 向）。

贯通纵筋的跨数及外伸情况注写在括号中，注写方式为"跨数及有无外伸"，其表达形式为：（$\times\times$）（无外伸）、（$\times\times$A）（一端有外伸）或（$\times\times$B）（两端有外伸）。

注：基础平板的跨数以构成柱网的主轴线为准；两主轴线之间无论有几道辅助轴线（例如框筒结构中混凝土内筒中的多道墙体），均可按一跨考虑。

【例】　X：Bϕ22@150；Tϕ20@150；（5B）

　　　　Y：Bϕ20@200；Tϕ18@200；（7A）

表示挤出基础 x 向底部配置 ϕ22、间距 150mm 的贯通纵筋，顶部配置 ϕ20、间距 150mm 的贯通纵筋，共 5 跨，两端有外伸；y 向底部配置 ϕ20、间距 200mm 的贯通纵筋，顶部配置 ϕ18、间距 200mm 的贯通纵筋，共 7 跨，一端有外伸。

当贯通筋采用两种规格钢筋"隔一布一"方式时，表达为 ϕxx/yy@$\times\times\times$，表示直径 xx 的钢筋和直径 yy 的钢筋之间的间距为 $\times\times\times$，直径为 xx 的钢筋、直径为 yy 的钢筋间距分别为 $\times\times\times$ 的 2 倍。

【例】　ϕ10/12@100 表示贯通纵筋为 ϕ10、ϕ12 隔一布一，相邻 ϕ10 与 ϕ12 之间距离为 100mm。

施工及预算方面应注意：当基础平板分板区进行集中标注，并且相邻板区板底一平时，两种不同配置的底部贯通纵筋应在两毗邻板跨中配筋较小板跨的跨中连接区域连接（即配置较大板跨的底部贯通纵筋需越过板区分界线伸至毗邻板跨的跨中连接区域）。

（3）梁板式筏形基础平板 LPB 的原位标注，主要表达板底部附加非贯通纵筋。

1）原位注写位置及内容。板底部原位标注的附加非贯通纵筋，应在配置相同跨的第一跨表达（当在基础梁悬挑部位单独配置时则在原位表达）。在配置相同跨的第一跨（或基础梁外伸部位），垂直于基础梁绘制一段中粗虚线（当该筋通长设置在外伸部位或短跨板下部时，应画至对边或贯通短跨），在虚线上注写编号（例如①、②等）、配筋值、横向布置的跨数及是否布置到外伸部位。

注：（$\times\times$）为横向布置的跨数，（$\times\times$A）为横向布置的跨数及一端基础梁的外伸部位，（$\times\times$B）为横向布置的跨数及两端基础梁外伸部位。

板底部附加非贯通纵筋自支座中线向两边跨内的伸出长度值注写在线段的下方位置。

当该筋向两侧对称伸出时，可仅在一侧标注，另一侧不注；当布置在边梁下时，向基础平板外伸部位一侧的伸出长度与方式按标准构造，设计不注。底部附加非贯通筋相同者，可仅注写一处，其他只注写编号。

横向连续布置的跨数及是否布置到外伸部位，不受集中标注贯通纵筋的板区限制。

【例】 在基础平板第一跨原位注写底部附加非贯通纵筋⸰18@300 (4A)，表示在第一跨至第四跨板且包含基础梁外伸部位横向配置⸰18@300，底部附加非贯通纵筋。伸出长度值略。

原位注写的底部附加非贯通纵筋与集中标注的底部贯通钢筋，宜采用"隔一布一"的方式布置，即基础平板（x 向或 y 向）底部附加非贯通纵筋与贯通纵筋间隔布置，其标注间距与底部贯通纵筋相同（两者实际组合后的间距为各自标注间距的 1/2）。

【例】 原位注写的基础平板底部附加非贯通纵筋为⑤⸰22@300 (3)，该 3 跨范围集中标注的底部贯通纵筋为 B⸰22@300，在该 3 跨支座处实际横向设置的底部纵筋合计为⸰22@150。其他与⑤号筋相同的底部附加费贯通纵筋可仅注编号⑤。

【例】 原位注写的基础平板底部附加非贯通纵筋为②⸰25@300 (4)，该 4 跨范围集中标注的底部贯通纵筋为 B22@300，表示该 4 跨支座处实际横向设置的底部纵筋为⸰25 和⸰22 间隔布置，相邻⸰25 和⸰22 之间距离为 150mm。

2）注写修正内容。当集中标注的某些内容不适用于梁板式筏形基础平板某板区的某一板跨时，应由设计者在该板跨内注明，施工时应按注明内容取用。

3）当若干基础梁下基础平板的底部附加非贯通纵筋配置相同时（其底部、顶部的贯通纵筋可以不同），可仅在一根基础梁下做原位注写，并在其他梁上注明"该梁下基础平板底部附加非贯通纵筋同××基础梁"。

(4) 梁板式筏形基础平板 LPB 的平面注写规定，同样适用于钢筋混凝土墙下的基础平板。

按以上主要分项规定的组合表达方式，详见"梁板式筏形基础平板 LPB 标注图示（图 9-1-2)"。

6. 其他

(1) 与梁板式筏形基础相关的后浇带、下柱墩、基坑（沟）等构造的平法施工图设计，详见 22G101-3 图集第 7 章的相关规定。

(2) 应在图中注明的其他内容：

1）当在基础平板周边沿侧面设置纵向构造钢筋时，应在图中注明。

2）应注明基础平板外伸部位的封边方式，当采用 U 形钢筋封边时应注明其种类、直径及间距。

3）当基础平板外伸变截面高度时，应注明外伸部位的 h_1/h_2，h_1 为板根部截面高度，h_2 为板尽端截面高度。

4）当基础平板厚度大于 2m 时，应注明具体构造要求。

5）当在基础平板外伸阳角部位设置放射筋时，应注明放射筋的强度等级、直径、根

图 9-1-2 梁板式筏形基础平板 LPB 标注图示

数以及设置方式等。

　　6）板的上、下部纵筋之间设置拉筋时，应注明拉筋的强度等级、直径、双向间距等。

　　7）应注明混凝土垫层厚度与强度等级。

　　8）结合基础主梁交叉纵筋的上下关系，当基础平板同一层面的纵筋相交叉时，应注明何向纵筋在下，何向纵筋在上。

　　9）设计需注明的其他内容。

9.1.2　平板式筏形基础平法施工图制图规则

1. 平板式筏形基础平法施工图的表示方法

　　（1）平板式筏形基础平法施工图是在基础平面布置图上采用平面注写方式表达。

　　（2）当绘制基础平面布置图时，应将平板式筏形基础与其所支承的柱、墙一起绘制。当基础底面标高不同时，需注明与基础底面基准标高不同之处的范围和标高。

2. 平板式筏形基础构件的类型与编号

　　平板式筏形基础的平面注写表达方式有两种。一是划分为柱下板带和跨中板带进行表达；二是按基础平板进行表达。平板式筏形基础构件编号应符合表 9-1-2 的规定。

平板式筏形基础构件编号 表 9-1-2

构件类型	代号	序号	跨数及有无外伸
柱下板带	ZXB	××	(××)或(××A)或(××B)
跨中板带	KZB	××	(××)或(××A)或(××B)
平板式筏形基础平板	BPB	××	

注：1. (××A) 为一端有外伸，(××B) 为两端有外伸，外伸不计入跨数。

2. 平板式筏形基础平板，其跨数及是否有外伸分别在 x、y 两向的贯通纵筋之后表达。图面从左至右为 x 向，从下至上为 y 向。

3. 柱下板带、跨中板带的平面注写方式

(1) 柱下板带 ZXB（视其为无箍筋的宽扁梁）与跨中板带 KZB 的平面注写，分集中标注与原位标注两部分内容。

(2) 柱下板带与跨中板带的集中标注，应在第一跨（x 向为左端跨，y 向为下端跨）引出。具体规定如下：

1) 注写编号，见表 9-1-2。

2) 注写截面尺寸，注写 $b=××××$ 表示板带宽度（在图注中注明基础平板厚度）。确定柱下板带宽度应根据规范要求与结构实际受力需要。当柱下板带宽度确定后，跨中板带宽度亦随之确定（即相邻两平行柱下板带之间的距离）。当柱下板带中心线偏离柱中心线时，应在平面图上标注其定位尺寸。

3) 注写底部与顶部贯通纵筋。注写底部贯通纵筋（B 打头）与顶部贯通纵筋（T 打头）的规格与间距，用分号";"将其分隔开。柱下板带的柱下区域，通常在其底部贯通纵筋的间隔内插空设有（原位注写的）底部附加非贯通纵筋。

【例】 B⌀22@300；T⌀25@150 表示板带底部配置⌀22、间距 300mm 的贯通纵筋，板带顶部配置⌀25、间距 150mm 的贯通纵筋。

施工及预算方面应注意：当柱下板带的底部贯通纵筋配置从某跨开始改变时，两种不同配置的底部贯通纵筋应在两毗邻跨中配置较小跨的跨中连接区域连接（即配置较大跨的底部贯通纵筋需越过其跨数终点或起点伸至毗邻跨的跨中连接区域）。

(3) 柱下板带与跨中板带原位标注的内容，主要为底部附加非贯通纵筋。具体规定如下：

1) 注写内容：以一段与板带同向的中粗虚线代表附加非贯通纵筋；柱下板带：贯穿其柱下区域绘制；跨中板带：横贯柱中线绘制。在虚线上注写底部附加非贯通纵筋的编号（例如①、②等）、钢筋级别、直径、间距，以及自柱中线分别向两侧跨内的伸出长度值。当向两侧对称伸出时，长度值可仅在一侧标注，另一侧不注。外伸部位的伸出长度与方式按标准构造，设计不注。对同一板带中底部附加非贯通筋相同者，可仅在一根钢筋上注写，其他可仅在中粗虚线上注写编号。

原位注写的底部附加非贯通纵筋与集中标注的底部贯通纵筋，宜采用"隔一布一"的方式布置，即柱下板带或跨中板带底部附加非贯通纵筋与贯通纵筋交错插空布置，其标注间距与底部贯通纵筋相同（两者实际组合后的间距为各自标注间距的 1/2）。

【例】 柱下区域注写底部附加非贯通纵筋③⾣22@300，集中标注的底部贯通纵筋也为 B⾣22@300，表示在柱下区域实际设置的底部纵筋为⾣22@150。其他部位与③号筋相同的附加非贯通纵筋仅注编号③。

【例】 柱下区域注写底部附加非贯通纵筋②⾣25@300，集中标注的底部贯通纵筋为 B⾣22@300，表示在柱下区域实际设置的底部纵筋为⾣25 和⾣22 间隔布置，相邻⾣25 和⾣22 之间距离为 150mm。

当跨中板带在轴线区域不设置底部附加非贯通纵筋时，则不做原位注写。

2）注写修正内容。当在柱下板带、跨中板带上集中标注的某些内容（例如截面尺寸、底部与顶部贯通纵筋等）不适用于某跨或某外伸部分时，则将修正的数值原位标注在该跨或该外伸部位，施工时原位标注取值优先。

设计时应注意：对于支座两边不同配筋值的（经注写修正的）底部贯通纵筋，应按较小一边的配筋值选配相同直径的纵筋贯穿支座，较大一边的配筋差值选配适当直径的钢筋锚入支座，避免造成两边大部分钢筋直径不相同的不合理配置结果。

（4）柱下板带 ZXB 与跨中板带 KZB 的注写规定，同样适用于平板式筏形基础上局部有剪力墙的情况。

（5）按以上各项规定的组合表达方式，详见"柱下板带 ZXB 与跨中板带 KZB 标注图示（图 9-1-3）"。

图 9-1-3 柱下板带 ZXB 与跨中板带 KZB 标注图示

4. 平板式筏形基础平板 BPB 的平面注写方式

（1）平板式筏形基础平板 BPB 的平面注写，分集中标注与原位标注两部分内容。

基础平板 BPB 的平面注写与柱下板带 ZXB、跨中板带 KZB 的平面注写为不同的表达方式，但是可以表达同样的内容。当整片板式筏形基础配筋比较规律时，宜采用 BPB 表达方式。

（2）平板式筏形基础平板 BPB 的集中标注，除按表 9-1-2 注写编号外，所有规定均与 9.1.1 中 5. 梁板式筏形基础平板的平面注写方式的第（2）条相同。

当某向底部贯通纵筋或顶部贯通纵筋的配置，在跨内有两种不同间距时，先注写跨内两端的第一种间距，并在前面加注纵筋根数（以表示其分布的范围）；再注写跨中部的第二种间距（不需加注根数）；两者用"/"分隔。

【例】 X：B12Φ22@150/200；T10Φ20@150/200 表示基础平板 x 向底部配置Φ22 的贯通纵筋，跨两端间距为 150mm，各配 12 根，跨中间距为 200mm；x 向顶部配置Φ20 的贯通纵筋，跨两端间距为 150mm，各 10 根，跨中间距为 200mm（纵向总长度略）。

（3）平板式筏形基础平板 BPB 的原位标注，主要表达横跨柱中心线下的底部附加非贯通纵筋。注写规定如下：

1）原位注写位置及内容。在配置相同的若干跨的第一跨，垂直于柱中线绘制一段中粗虚线代表底部附加非贯通纵筋，在虚线上的注写内容与 9.1.1 中 5. 梁板式筏形基础平板的平面注写方式的第（3）条第 1）款相同。

当柱中心线下的底部附加非贯通纵筋（与柱中心线正交）沿柱中心线连续若干跨配置相同时，则在该连续跨的第一跨下原位注写，且将同规格配筋连续布置的跨数注在括号内；当有些跨配置不同时，则应分别原位注写。外伸部位的底部附加非贯通纵筋应单独注写（当与跨内某筋相同时仅注写钢筋编号）。

当底部附加非贯通纵筋横向布置在跨内有两种不同间距的底部贯通纵筋区域时，其间距应分别对应为两种，其注写形式应与贯通纵筋保持一致，即先注写跨内两端的第一种间距，并在前面加注纵筋根数；再注写跨中部的第二种间距（不需加注根数）；两者用"/"分隔。

2）当某些柱中心线下的基础平板底部附加非贯通纵筋横向配置相同时（其底部、顶部的贯通纵筋可以不同），可仅在一条中心线下做原位注写，并在其他柱中心线上注明"该柱中心线下基础平板底部附加非贯通纵筋同××柱中心线"。

（4）平板式筏形基础平板 BPB 的平面注写规定，同样适用于平板式筏形基础上局部有剪力墙的情况。

按以上各项规定的组合表达方式，详见"平板式筏形基础平板 BPB 标注图示（图 9-1-4）"。

5. 其他

（1）与平板式筏形基础相关的后浇带、上柱墩、基坑（沟）等构造的平法施工图设计，详见 22G101-3 图集第 7 章的相关规定。

（2）平板式筏形基础应在图中注明的其他内容如下：

1）注明板厚。当整片平板式筏形基础有不同板厚时，应分别注明各板厚值及其各自的分布范围。

平板式筏形基础平板BPB标注说明

集中标注说明：集中标注应在双向均为第一跨引出

注写形式	表达内容	附加说明
BPB××	基础平板编号，包括代号和序号	为平板式筏形基础的基础平板
h=××××	基础平板厚度	
X:B⚫××@×××； T⚫××@×××；(4B) Y:B⚫××@×××； T⚫××@×××；(3B)	x或y向底部与顶部贯通纵筋强度级别、直径、间距(跨数及外伸情况)	底部纵筋应有不少于1/3贯通全跨，注意与非贯通纵筋组合设置的具体要求，详见制图规则侧。顶部纵筋应全跨贯通。用B引导底部贯通纵筋，用T引导顶部贯通纵筋。(×A)一端有外伸；(×B)两端均有外伸；无外伸则仅注跨数含右为y向，从下至上为y向

板底部附加非贯通筋的原位标注说明：原位标注应在基础梁下相同 配筋跨的第一跨下注写		
注写形式	表达内容	附加说明
⑩××@×××(×,×A,×B) ×××× —— 柱中线	底部附加非贯通筋编号、强度等级、直径、间距(相同配筋横向布置的跨数及有无布置到外伸部位)；自支座边线分别向两边跨内的伸出长度值	向两侧对称伸出时，可只在一侧标注伸出长度值。外伸部位一侧的伸出长度与方式按标准构造，设计不注。相同非贯通纵筋可只注写一处，其他仅在中粗虚线上注写编号。与贯通纵筋组合设置时的具体要求详见相应制图规则
注写修正内容	某部位与集中标注不同的内容	原位标注的修正内容取值优先

注：板底支座处实际配筋为集中标注的板底贯通纵筋与原位标注的板底附加非贯通纵筋之和。
图注中注明的其他内容见制图规则第5.5.2条；有关标注的其他规定见详图制图规则。

底部附加非贯通筋原位标注
(在支座配筋相同的若干跨的第一跨注写)

跨内伸出长度

集中标注(在双向均为第一跨引出)

BPB×× h=××××
X:B××@×××；T××@×××：(4B)
Y:B××@×××；T××@×××：(3B)

相同配筋横向布置的跨数
及有无布置到外伸部位

跨内伸出长度

相同配筋横向布置的跨数
及有无布置到外伸部位

平板式筏形基础平板BPB标注图示

1—1

图 9-1-4 平板式筏形基础平板 BPB 标注图示

2）当在基础平板周边沿侧面设置纵向构造钢筋时，应在图注中注明。

3）应注明基础平板外伸部位的封边方式，当采用 U 形钢筋封边时，应注明其规格、直径及间距。

4）当基础平板厚度大于 2m 时，应注明设置在基础平板中部的水平构造钢筋网。

5）当在基础平板外伸阳角部位设置放射筋时，应注明放射筋的强度等级、直径、根数以及设置方式等。

6）板的上、下部纵筋之间设置拉筋时，应注明拉筋的种类、直径、双向间距等。

7）应注明混凝土垫层厚度与强度等级。

8）当基础平板同一层面的纵筋相交叉时，应注明何向纵筋在下，何向纵筋在上。

9）设计需注明的其他内容。

9.2 筏形基础标准构造详图

9.2.1 梁板式筏形基础的钢筋构造

1. 基础主梁和基础次梁纵向钢筋与箍筋构造

（1）基础主梁 JL 纵向钢筋与箍筋构造、附加箍筋构造、附加（反扣）吊筋构造如

图 9-2-1～图 9-2-3 所示。

顶部贯通纵筋在其连接区内采用搭接、机械连接或焊接。同一连接区段内接头面积百分率不宜大于50%。当钢筋长度可穿过一连接区到下一连接区并满足连接要求时，宜穿越设置

底部贯通纵筋在其连接区内采用搭接、机械连接或焊接。同一连接区段内接头面积百分率不宜大于50%。当钢筋长度可穿过一连接区到下一连接区并满足连接要求时，宜穿越设置

图 9-2-1　基础梁 JL 纵向钢筋与箍筋构造

l_{ni}—左跨净跨值；l_{ni+1}—右跨净跨值；

l_n—左跨 l_{ni} 和右跨 l_{ni+1} 之较大值；h_c—柱截面沿基础梁方向的高度

该区域内梁箍筋照设
(附加箍筋最大布置范围，但非必须布满)

图 9-2-2　附加箍筋构造

(吊筋高度应根据基础梁高度推算，吊筋顶部平直段与基础梁顶部纵筋净距应满足规范要求，当净距不足时应置于下一排)

图 9-2-3　附加(反扣)吊筋构造

b—次梁宽；h_1—主次梁高差；s—附加箍筋的布置范围

1) 节点区内箍筋按梁端箍筋设置。梁相互交叉宽度内的箍筋按截面高度较大的基础梁设置。同跨箍筋有两种时，各自设置范围按具体设计注写。

2) 当两毗邻跨的底部贯通纵筋配置不同时，应将配置较大一跨的底部贯通纵筋越过其标注的跨数终点或起点，伸至配置较小的毗邻跨的跨中连接区进行连接。

3) 钢筋连接要求见 22G101-3 图集第 60 页。

4) 梁端部与外伸部位钢筋构造见表 8-2-1。

5) 当底部纵筋多于两排时，从第三排起非贯通纵筋向跨内的伸出长度值应由设计者注明。

6) 基础梁相交处位于同一层面的交叉纵筋，何梁纵筋在下，何梁纵筋在上，应按具体设计说明。

7) 纵向受力钢筋绑扎搭接区内箍筋设置要求见 22G101-3 图集第 60 页。

（2）基础次梁 JCL 纵向钢筋与箍筋构造如图 9-2-4 所示。

图 9-2-4　基础次梁 JCL 纵向钢筋与箍筋构造

l_{ni}—左跨净跨值；l_{ni+1}—右跨净跨值；l_n—左跨 l_{ni} 和右跨 l_{ni+1} 之较大值（其中 $i=1，2，3……$）；
b_b—基础主梁的截面宽度；h_b—基础次梁的截面高度

1）同跨箍筋有两种时，各自设置范围按具体设计注写值。

2）节点区内箍筋按梁端箍筋设置。梁相互交叉宽度内的箍筋按截面高度较大的基础梁设置。

3）当底部纵筋多于两排时，从第三排起非贯通纵筋向跨内的伸出长度值应由设计者注明。

2. 基础主梁的加腋构造

（1）基础主梁 JL 竖向加腋钢筋构造如图 9-2-5 所示。

图 9-2-5　基础主梁 JL 竖向加腋钢筋构造

c_1—腋长；c_2—腋高；l_a—纵向受拉钢筋非抗震锚固长度

1）基础梁竖向加腋部位的钢筋见设计标注。加腋范围的箍筋与基础梁的箍筋配置相同，仅箍筋高度为变值。

2）基础梁的梁柱结合部位所加侧腋（见表 8-2-4）顶面与基础梁非竖向加腋段顶面一平，不随梁竖向加腋的升高而变化。

（2）基础次梁 JCL 竖向加腋钢筋构造如图 9-2-6 所示。

未加腋部位(某跨或外伸部位等)

图 9-2-6 基础次梁 JCL 竖向加腋钢筋构造

c_1—腋长；c_2—腋高；l_a—纵向受拉钢筋非抗震锚固长度

3. 基础主梁外伸部位构造

（1）基础主梁 JL 端部与外伸部位钢筋构造见表 9-2-1。

基础梁 JL 端部与外伸部位钢筋构造   表 9-2-1

名称	构造图	构造说明
梁板式筏形基础梁端部等截面外伸构造		字母释义： l_a——受拉钢筋非抗震锚固长度； l_{ab}——受拉钢筋的非抗震基本锚固长度； l_n——本边跨的净跨长度值； l_n'——端部外伸长度； h_c——柱截面沿基础梁方向的高度； d——受拉钢筋直径； h、h_1、h_2——基础梁竖向尺寸
梁板式筏形基础梁端部变截面外伸构造		

续表

名称	构造图	构造说明
梁板式筏形基础梁端部无外伸构造		构造图解析： 　端部等（变）截面外伸构造中，当从柱内边算起的梁端部外伸长度不满足直锚要求时，基础梁下部钢筋应伸至端部后弯折，且从柱内边算起水平段长度$\geqslant 0.6l_{ab}$，弯折长度$15d$

（2）基础次梁 JCL 端部外伸部位钢筋构造如图 9-2-7 所示。

图 9-2-7　基础次梁 JCL 端部外伸部位钢筋构造

（a）端部等截面外伸构造；（b）端部变截面外伸构造

b_b—基础主梁的截面宽度；h_b—基础次梁的截面高度；

l_n—本跨的净跨长度值；l'_n—端部外伸长度

4. 梁板式筏形基础平板 LPB 钢筋构造

梁板式筏形基础平板 LPB 钢筋构造如图 9-2-8 所示。

基础平板同一层面的交叉纵筋，何向纵筋在下，何向纵筋在上，应按具体设计说明。

5. 梁板式筏形基础平板 LPB 端部与外伸部位钢筋构造

梁板式筏形基础平板 LPB 端部与外伸部位钢筋构造见表 9-2-2。

(a)

(b)

图 9-2-8 梁板式筏形基础平板 LPB 钢筋构造

(a) 柱下区域; (b) 跨中区域

l_n—本跨的净跨长度值

9.2.2 平板式筏形基础的钢筋构造

1. 平板式筏形基础柱下板带 ZXB 与跨中板带 KZB 纵向钢筋构造

平板式筏形基础柱下板带 ZXB 与跨中板带 KZB 纵向钢筋构造分别如图 9-2-9 和图 9-2-10 所示。

（1）不同配置的底部贯通纵筋，应在两毗邻跨中配置较小一跨的跨中连接区域连接（即配置较大一跨的底部贯通纵筋需越过其标注的跨数终点或起点伸至毗邻跨的跨中连接区域）。

（2）底部与顶部贯通纵筋在连接区内的连接方式，详见纵筋连接通用构造。

（3）柱下板带与跨中板带的底部贯通纵筋，可在跨中 1/3 净跨长度范围内搭接连接、

梁板式筏形基础平板LPB端部与外伸部位钢筋构造   表 9-2-2

名称	构 造 图	构 造 说 明
端部等截面外伸构造		
端部变截面外伸构造		字母释义： 　h——板的截面高度； 　h_1——根部截面高度； 　h_2——尽端截面高度； 　d——受拉钢筋直径； 　l_{ab}——受拉钢筋的非抗震基本锚固长度。 构造图解析： 　(1)基础平板同一层面的交叉纵筋,何向纵筋在下,何向纵筋在上,应按具体设计说明。 　(2)当梁板式筏形基础平板的变截面形式与左图不同时,其构造应由设计者设计；当要求施工方参照左图构造方式时,应提供相应改动的变更说明。 　(3)端部等(变)截面外伸构造中,当从基础主梁(墙)内边算起的外伸长度不满足直锚要求时,基础平板下部钢筋应伸至端部后弯折 $15d$；且从梁(墙)内边算起水平段长度应$\geqslant 0.6l_{ab}$。 　(4)板底高差坡度可为 45°或 60°角
端部无外伸构造		

图 9-2-9 平板式筏形基础柱下板带 ZXB 纵向钢筋构造

图 9-2-10 平板式筏形基础跨中板带 KZB 纵向钢筋构造

机械连接或焊接；柱下板带及跨中板带的顶部贯通纵筋，可在柱网轴线附近 1/4 净跨长度范围内采用搭接连接、机械连接或焊接。

（4）基础平板同一层面的交叉纵筋，何向纵筋在下，何向纵筋在上，应按具体设计说明。

（5）柱下板带、跨中板带中同一层面的交叉纵筋，何向纵筋在下，何向纵筋在上，应按具体设计说明。

2. 平板式筏形基础平板 BPB 钢筋构造

平板式筏形基础平板 BPB 钢筋构造如图 9-2-11 所示。

基础平板同一层面的交叉纵筋，何向纵筋在下，何向纵筋在上，应按具体设计说明。

3. 平板式筏形基础平板（ZXB、KZB、BPB）变截面部位钢筋构造

平板式筏形基础平板（ZXB、KZB、BPB）变截面部位钢筋构造见表 9-2-3。

4. 平板式筏形基础平板（ZXB、KZB、BPB）端部和外伸部位钢筋构造

平板式筏形基础平板（ZXB、KZB、BPB）端部和外伸部位钢筋构造见表 9-2-4。

图 9-2-11 平板式筏形基础平板 BPB 钢筋构造

（a）柱下区域；（b）跨中区域（顶部贯通纵筋连接区同柱下区域）

l_n——本跨的净跨长度值

平板式筏形基础平板（ZXB、KZB、BPB）变截面部位钢筋构造   表 9-2-3

名称	构 造 图	构 造 说 明
变截面部位钢筋构造	**板顶有高差** **板顶、板底均有高差**	字母释义： l_a——受拉钢筋非抗震锚固长度； l_l——受拉钢筋非抗震绑扎搭接长度； h_1——基础平板左边截面高度； h_2——基础平板右边截面高度。 构造图解析： （1）左图构造规定适用于设置或未设置柱下板带和跨中板带的板式筏形基础的变截面部位的钢筋构造。 （2）当板式筏形基础平板的变截面形式与左图不同时，其构造应由设计者设计；当要求施工方参照左图构造方式时，应提供相应改动的变更说明。 （3）板底台阶可为 45°或 60°角。 （4）中层双向钢筋网直径不宜小于 12mm，间距不宜大于 300mm

续表

名称		构 造 图	构 造 说 明
变截面部位钢筋构造	板底有高差		
变截面部位中层钢筋构造	板顶有高差		字母释义： l_a——受拉钢筋非抗震锚固长度； l_l——受拉钢筋非抗震绑扎搭接长度； h_1——基础平板左边截面高度； h_2——基础平板右边截面高度。 构造图解析： （1）左图构造规定适用于设置或未设置柱下板带和跨中板带的板式筏形基础的变截面部位的钢筋构造。 （2）当板式筏形基础平板的变截面形式与左图不同时，其构造应由设计者设计；当要求施工方参照左图构造方式时，应提供相应改动的变更说明。 （3）板底高差坡度可为45°或60°角。 （4）中层双向钢筋网直径不宜小于12mm，间距不宜大于300mm
	板顶、板底均有高差		
	板底有高差		

平板式筏形基础平板（ZXB、KZB、BPB）端部和外伸部位钢筋构造 表 9-2-4

名称		构 造 图	构 造 说 明
端部无外伸构造	（一）		字母释义： l_{ab}——受拉钢筋的非抗震基本锚固长度； h——板的截面高度； d——受拉钢筋直径。 构造图解析： （1）端部无外伸构造（一）中，当设计指定采用墙外侧纵筋与底板纵筋搭接的做法时，基础底板下部钢筋弯折段应伸至基础顶面标高处（见表2-2-1）。 （2）板边缘侧面封边构造同样用于基础梁外伸部位，采用何种做法由设计者指定，当设计者未指定时，施工单位可根据实际情况自选一种做法

名　称	构　造　图	构　造　说　明
端部无外伸构造 （二）		
端部等截面外伸构造		字母释义： l_{ab}——受拉钢筋的非抗震基本锚固长度； h——板的截面高度； d——受拉钢筋直径。 构造图解析： （1）端部无外伸构造（一）中，当设计指定采用墙外侧纵筋与底板纵筋搭接的做法时，基础底板下部钢筋弯折段应伸至基础顶面标高处（见表2-2-1）。 （2）板边缘侧面封边构造同样用于梁板式筏形基础部位，采用何种做法由设计者指定，当设计者未指定时，施工单位可根据实际情况自选一种做法。 （3）筏板底部非贯通纵筋伸出长度 l' 应由具体工程设计确定。 （4）筏板中层钢筋的连接要求与受力钢筋相同
板边缘侧面封边构造（外伸部位变截面时侧面构造相同） U形筋构造封边方式		
纵筋弯钩交错封边方式		
中层筋端头构造		

练 习 题

1. 梁板式筏形基础平法施工图的表示方法有何规定？

2. 梁板式筏形基础构件的类型与编号有哪些规定？

3. 梁板式筏形基础基础主梁与基础次梁的平面注写方式有哪些规定？

4. 简述梁板式筏形基础平板的平面注写方式。

5. 平板式筏形基础构件的类型与编号有哪些规定？

6. 简述柱下板带、跨中板带的平面注写方式。

7. 梁板式筏形基础基础主梁与基础次梁的纵向钢筋与箍筋构造做法如何？

8. 基础主梁的加腋构造有哪些？

9. 基础主梁外伸部位构造有何要求？

10. 平板式筏形基础柱下板带与跨中板带纵向钢筋构造做法有哪些？

参 考 文 献

[1] 中国建筑标准设计研究院. 混凝土结构施工图平面整体表示方法制图规则和构造详图（现浇混凝土框架、剪力墙、梁、板）22G101-1. 北京：中国计划出版社，2022.

[2] 中国建筑标准设计研究院. 混凝土结构施工图平面整体表示方法制图规则和构造详图（现浇混凝土板式楼梯）22G101-2. 北京：中国计划出版社，2022.

[3] 中国建筑标准设计研究院. 混凝土结构施工图平面整体表示方法制图规则和构造详图（独立基础、条形基础、筏形基础及桩基承台）22G101-3. 北京：中国计划出版社，2022.

[4] 中国建筑标准设计研究院. 混凝土结构施工钢筋排布规则与构造详图（现浇混凝土框架、剪力墙、梁、板）18G901-1. 北京：中国计划出版社，2018.

[5] 中国建筑标准设计研究院. 混凝土结构施工钢筋排布规则与构造详图（现浇混凝土板式楼梯）18G901-2. 北京：中国计划出版社，2018.

[6] 中国建筑标准设计研究院. 混凝土结构施工钢筋排布规则与构造详图（独立基础、条形基础、筏形基础、桩基承台）18G901-3. 北京：中国计划出版社，2018.

[7] 中华人民共和国住房和城乡建设部. 混凝土结构设计规范 GB 50010—2010 [S]. 北京：中国建筑工业出版社，2011.

[8] 中华人民共和国住房和城乡建设部，中华人民共和国国家质量监督检验检疫总局. 建筑抗震设计规范 GB 50011—2010 [S]. 北京：中国建筑工业出版社，2010.

[9] 上官子昌. 平法钢筋识图与计算细节详解 [M]. 北京：机械工业出版社，2011.

[10] 赵荣. G101平法钢筋识图与算量 [M]. 北京：中国建筑工业出版社，2010.

[11] 高竞. 平法结构钢筋图解读 [M]. 北京：中国建筑工业出版社，2009.